精确制导技术应用丛书

→ → Precision Guidance

精确制导
武器技术应用向导

付 强　何 峻　朱永锋　宋志勇　董三强　卢再奇　范红旗　程 肖　编著
郭 雷　蔡 飞　刘 欢　夏 阳　赵明波　阚瀛芝　吴 灏　李云湘

国防工业出版社

·北 京·

图书在版编目(CIP)数据

精确制导武器技术应用向导 / 付强等编著. -- 北京：国防工业出版社，2014.5
（精确制导技术应用丛书）
ISBN 978-7-118-09457-2

Ⅰ．①精… Ⅱ．①付… Ⅲ．①制导武器-技术 Ⅳ．①TJ765.3

中国版本图书馆CIP数据核字(2014) 第071358号

※

国防工业出版社　出版发行

（北京市海淀区紫竹院南路23号　邮政编码100048）
北京市雅迪彩色印刷有限公司印刷
新华书店经售

＊

开本 710×1000　1/16　印张 12　字数 208千字
2014年5月第1版第1次印刷　印数 1—20000册　定价 55.00元

（本书如有印装错误，我社负责调换）

国防书店: (010)88540777　　发行邮购: (010)88540776
发行传真: (010)88540757　　发行业务: (010)88540717

精确制导技术应用丛书

《精确制导武器技术应用向导》
编审委员会

主　任　　蒋教平

副主任　　刘同江　　殷兴良　　李　陟

委　员　　付　强　　包为民　　刘著平

　　　　　白晓东　　苏锦鑫　　袁健全

　　　　　朱鸿翔　　史泽林　　杨树谦

　　　　　范金荣　　吴嗣亮　　何　峻

　　　　　李建荣　　陈　敏

序 Prologue

精确制导武器是典型的信息化装备,精确制导技术是精确制导武器的核心技术之一。《精确制导技术应用丛书》旨在通过向广大部队官兵普及精确制导武器技术知识,提高官兵应用精确制导武器打赢现代化战争的能力和素养。

该系列丛书主要介绍防空反导导弹、飞航导弹、弹道导弹等精确制导武器的技术原理和应用知识。本书是系列丛书的首册,由三部分组成。A部分从"爱国者"、"飞毛腿"等国外导弹入手,介绍了导弹的分类、典型导弹的结构组成与各部分的功能,引出并重点讲述了精确制导技术;B部分通过分析战场环境对精确制导武器的影响,介绍了对抗敌方精确打击的常识;C部分从官兵如何当好精确制导武器主人的角度,剖析了典型案例,提出了如何适应战场环境,管好用好精确制导武器的启示。书中最后对精确制导技术、武器系统及其应用进行了系统总结,理清精确制导技术和武器装备的发展现状和趋势,给广大读者以直观、全面的印象。

《精确制导武器技术应用向导》由总装军兵种装备部组织总装精确制导技术专业组和国防科技大学部分专家教授、青年教师和研究生编撰而成。全书内容简洁明快、深入浅出，图文并茂、鲜活生动，多采用官兵喜闻乐见的战争事例和通俗生动的语言讲述精确制导武器技术知识。期望本书及丛书后续分册的编写发行，能够为进一步巩固提升官兵的科技文化素质、促进人与武器的更好结合做出应有贡献。

丛日刚

目 录
Contents

001 第一篇 精确制导技术初探

002 一、从导弹的"绰号"说起

002　　（一）直播回放"爱国者"与"飞毛腿"的第一次交手

004　　（二）导弹的"绰号"和"学名"

016　　（三）门派林立、各显神威的导弹家族

030 二、透视导弹的"五脏六腑"

037 三、精确制导武器的"神功"来自何处

037　　（一）破解神秘的精确制导技术

039　　（二）让制导武器长上"眼睛"和"耳朵"：精确探测技术

053　　（三）"大脑"使制导武器具有智力：信息处理与综合利用技术

070　　（四）"身手"敏捷驾驭导弹：高精度导引控制技术

076　　（五）精确制导武器研发的理想境界：聪明、灵巧、智商高

079	**第二篇 现代战场环境解析**
080	一、现代"江湖"的险恶——战场环境日趋复杂
080	（一）精确制导武器面临的战场环境
082	（二）没有经历"风雨"的精确制导武器难免"娇气"
083	二、观天地风云变幻——复杂自然环境对精确制导武器的限制
084	（一）地理环境对精确制导武器的影响
087	（二）气象环境对精确制导武器的限制
093	三、猛虎架不住群狼——作战对象给精确制导武器带来的挑战
093	（一）难对付的编队目标与密集的真假目标群
095	（二）大量投入战场的隐身目标
098	（三）躲避探测的低空超低空突防目标
100	（四）摆脱拦截的高速大机动目标
101	四、看不见的新战场——复杂电磁环境对精确制导武器的影响
102	（一）"新的战场"：复杂电磁环境
104	（二）"军民共建"：形成复杂电磁环境的因素
106	（三）"盲、乱、错、偏"：电磁环境对精确制导武器的影响
113	五、布阵斗法巧作为——利用战场环境对抗敌方精确制导武器

Contents

119　第三篇　精确制导武器运用

120　一、当好精确制导武器的主人 ——战斗力三要素及战斗力生成的新认识

120　　（一）现代信息化战争的特点是体系对抗
122　　（二）作战官兵在精确打击作战体系中占据主体地位
123　　（三）科技练兵，创新战法，提高战斗力

125　二、适应战场环境的对策与招数 ——浅析技术体制，着重战术运用

125　　（一）技术战术设计及应用上的几种应对措施
131　　（二）"知彼知己"，"知天知地"：作训中要做足的功课

149　三、典型案例剖析与启示

149　　（一）精确制导武器在复杂电磁环境中使用的案例
149　　　　案例1：科索沃战争，攻防一边倒
149　　　　案例2："贝卡谷地"，长剑尽折
152　　　　案例3："冥河"陨落
153　　　　案例4：摧毁杜梅大桥
156　　（二）精确制导武器在复杂地理环境中使用的案例
156　　　　案例5：地形景象与假目标影响
157　　　　案例6：防空导弹实弹打靶训练
159　　（三）精确制导武器在复杂气象环境中使用的案例
159　　　　案例7：美国与利比亚的亚锡拉湾空战
159　　　　案例8：恶劣气象环境，制约导弹使用
160　　　　案例9：光学精确制导武器的"软肋"
163　　（四）精确制导武器在战场目标环境中使用的案例
163　　　　案例10：空袭战果原是"注水肉"
164　　　　案例11：就易避难的反导拦截试验

165　四、欲穷千里目，更上一层楼 ——精确制导技术及武器应用全景图

165　　（一）精确制导武器技术一览
168　　（二）精确制导武器系统概貌
175　　（三）应用蓝图与创新展望

179　参考文献

182　后记

第一篇 精确制导技术初探

01

一、从导弹的"绰号"说起

二、透视导弹的"五脏六腑"

三、精确制导武器的"神功"来自何处

精确制导武器主要包括精确制导导弹（简称导弹）、精确制导弹药（又称灵巧弹药）和水下制导武器三大类。其中，导弹是精确制导武器中最大的家族。

一、从导弹的"绰号"说起

（一）直播回放"爱国者"与"飞毛腿"的第一次交手

1991年1月18日凌晨，美国航空航天司令部接到导弹预警卫星发出的警报，报告显示，一枚"飞毛腿"B型地对地战术弹道导弹正拖着长长的火焰向沙特阿拉伯首都利雅得袭来。

"爱国者"成功拦截"飞毛腿"

1991年海湾战争期间，"爱国者"导弹在沙特阿拉伯首都利雅得拦截"飞毛腿"导弹的场面。美军同时发射两枚导弹，一枚脱靶，另一枚击中目标，碎片和残骸纷纷向下散落。

卫星同时传来了"飞毛腿"的各种飞行参数。司令部的工作人员立即对这些参数进行计算，并将处理结果传给多国部队设在沙特的"爱国者"导弹发射阵地。刹那间，"爱国者"地对空导弹呼啸着飞向空中，几秒钟后，随着一声巨响，"爱国者"精准地"亲吻"了"飞毛腿"，来袭导弹在空中炸开了花。

沙特首都头戴防毒面具的美军士兵正在检查"飞毛腿"导弹残骸

相信很多人还对这惊心动魄的"亲密接触"记忆犹新，主角"爱国者"与"飞毛腿"也从此家喻户晓。然而，很多人不知道的是："爱国者"、"飞毛腿"这耳熟能详的称呼只是它们的绰号，并不是导弹的正式名称。

美国"爱国者"（PAC-2）地空导弹

美国"爱国者"（PAC-2）
地空导弹雷达车

（二）导弹的"绰号"和"学名"

导弹的绰号就像武林高手的"诨名"一样，往往充满着想象力和震撼力。比如江湖中无人不知、无人不晓的"白眉道长"、"六指琴魔"、"黑风双煞"、"弹指神通"等，人们往往忘记了他们的真实姓名。导弹也是一样，比如"东风"、"白杨"、"爱国者"、"飞毛腿"、"响尾蛇"、"不死鸟"、"战斧"、"地狱火"等，这些绰号往往如雷贯耳，而导弹的正式名称反而被人们所淡忘。

1. 生动传神的"绰号"

自导弹问世以来，已经发展了几百种型号。人们常常喜欢给它们起个传神的绰号，从神灵鬼怪到飞禽走兽,从日月星辰到花草树木,可以说是五花八门,十分有趣。

以神灵鬼怪命名的有:"雷神"、"大力神"、"宇宙神"、"丘比特"、"妖怪"、"撒旦"、"海妖"等。

美国"大力神"洲际弹道导弹

俄罗斯SS-18"撒旦"洲际弹道导弹

以自然现象命名的有:"东风"、"西北风"、"飓风"、"风暴"、"龙卷风"、"霹雳"、"烈火"、"地狱火"、"巨浪"等。

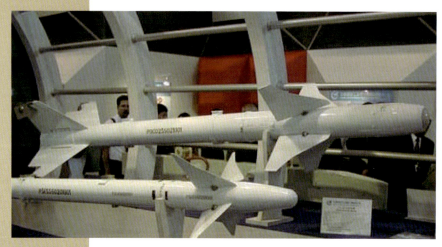

中国"霹雳"-9C 空空导弹

美国"地狱火"反坦克导弹

以日月星辰命名的有:"星光"、"天空"、"冥王星"、"火星"、"彗星"、"流星"、"天王星"、"北极星"等。

俄罗斯"天王星"反舰导弹

伊朗"流星Ⅲ"型弹道导弹

以花草树木命名的有:"白杨"、"紫菀"、"菊花"、"小桷树"、"山毛榉"、"罗兰特"等。

法国的"紫菀"防空导弹

俄罗斯"山毛榉"防空导弹

以冷兵器命名的有:"战斧"、"鱼叉"、"三叉戟"、"军刀"、"短刀"、"长矛"、"标枪"、"红樱"、"海标枪"、"短剑"、"长剑"、"天弓"、"红箭"、"箭"等。

中国"长剑"巡航导弹

英军"海标枪"舰空导弹

以日常器物命名的有:"橡皮套鞋"、"针"、"短号"、"镰刀"、"手术刀"、"宝石"、"红石"、"硫磺石"、"捕鲸叉"、"红旗"等。

中国"红旗"-7防空导弹

英国"硫磺石"反坦克导弹
地面发射实验

以飞禽命名的有："海麻雀"、"鹌鹑"、"鸬鹚"、"翠鸟"、"信天翁"、"红鸟"、"秃鹰"、"海鹰"、"猎鹰"、"隼"、"雷鸟"、"百舌鸟"、"海鸥"、"不死鸟"等。

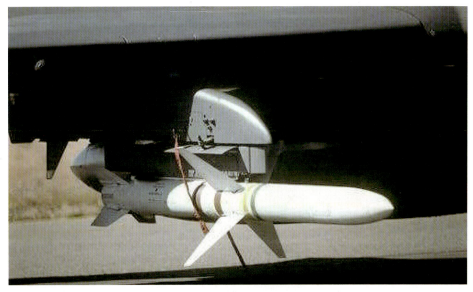

美国"百舌鸟"反辐射导弹

美国"海麻雀"舰空导弹

以走兽命名的有:"警犬"、"小牛"、"黑牛"、"考拉"、"袋鼠"、"海猫"、"山猫"、"海狼"、"小斗犬"、"大斗犬"等。

美国"小牛"空地导弹

英国"海狼"舰空导弹

以蛇虫命名的有："红沙蛇"、"海蛇"、"响尾蛇"、"蝮蛇"、"眼镜蛇"、"毒蛇"、"蚕"、"白蛉"、"壁虎"、"蜘蛛"、"黄蜂"等。

印军"毒蛇"反坦克导弹

俄罗斯"黄蜂"防空导弹系统

2. 中规中矩的"学名"

相比于上面非常形象的绰号，导弹的"学名"就要规矩得多了。各国导弹都有其标准的命名方式。下面就以美军导弹为例，介绍一下导弹的正式命名方法。

美军导弹的正式名称主要由"×××（字母）—×××（数字）+字母"三部分组成，例如 AGM-86、AIM-120、BGM-109C、AGM-84E 等。

第一部分一般由三个字母组成：如 AGM、BGM 等。其中，第一个字母通常表示导弹的发射环境或发射方式，常用字母的含义如下：

A——机载空射；

B——从多种平台发射；

C——掩体水平储存，地面发射；

F——单兵便携式发射；

G——地面发射；

H——地下井储存，地面发射；

I——地下井储存并发射；

M——机动发射；

P——无核防护或局部防护储存，地面发射；

R——水面舰艇发射；

V——水下潜艇发射。

第二个字母表示目标环境或导弹的作战任务，常用字母的含义如下：

C——诱饵或假弹；

G——攻击地面或海上目标；

I——空中拦截弹；

Q——靶弹；

T——教练弹;

U——攻击水下目标的导弹。

第三个字母"M"为导弹英文"Missile"的首字母。

第二部分的数字代表该类型导弹的编号,如86、109、84等。

第三部分通常用某一字母表示(如C、E等),主要用于该系列导弹出现改进生产时,区分各个改进型的"兄弟座次"。

有时在第一部分的三个字母前会加一个前缀字母,以表示某型导弹所处的研制状态。其常用字母及含义:

J——临时专用试验弹;

N——长期专用试验弹;

X——研制中的试验弹;

Y——样弹;

Z——计划采购中的导弹。

例如AGM－86A,表示从空中发射、攻击地面或海面目标;而YAGM－86则是表示该导弹基本型的一种样弹。

下图展示了美军BGM-109C型"战斧"式巡航导弹正式名称中各部分字母和数字代表的含义。

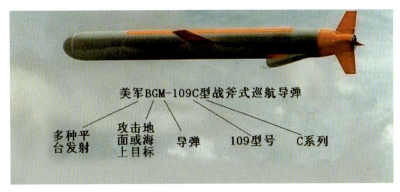

美军BGM-109C型"战斧"式
巡航导弹命名示意图

（三）门派林立、各显神威的导弹家族

精确制导武器的横空出世，引起了世界各国的高度重视。第二次世界大战后，随着航空、无线电、自动控制、导航以及电子计算机等技术的发展，精确制导技术也迅速发展起来，并日渐成熟。各国装备的精确制导武器不仅数量众多，而且种类也越来越丰富。目前已经发展成为种类繁多的"大家族"。这个"大家族"主要包括精确制导导弹（简称导弹）、精确制导弹药(又称灵巧弹药)和水下制导武器三大类。

导弹与精确制导弹药之间的主要区别在于：导弹依靠自身的动力系统和导引、控制系统飞向目标；而精确制导弹药自身无动力装置，其弹道的初始阶段、中段需要借助火炮、飞机等投掷。精确制导弹药可以分为末制导弹药和末敏弹药两类。末制导弹药是指其初始和中间弹道由火炮发射或空中平台投掷，但在弹道末端，弹药依靠其寻的器和控制系统，能自动修正或改变飞行轨迹，从而不断接近并最终命中目标的灵巧武器，包括制导炸弹和制导炮弹两种。末敏弹药不能自动追踪目标，也不能改变中段飞行弹道，当它们在目标上空被撒布时，能在较小范围内探测目标，沿探测器瞄准的方向发射弹丸，进行攻击。目前美国已研制出红外成

像的末敏弹药"斯基特",毫米波制导的末敏弹药"萨达姆",它们都是从空中攻击集群坦克的新式武器。

水下制导武器一般可分为制导鱼雷、制导水雷和制导深水炸弹等。目前比较先进的水下制导武器有美国的 MK48DCAP 制导鱼雷、意大利的 MAFOS2(LOLA)制导水雷等。

与前面两类武器相比,导弹在精确制导武器大家族中"人丁兴旺"。因此下面以导弹为主,由浅入深地介绍精确制导武器技术及应用。

导弹是一种携带战斗部,依靠自身动力装置推进,由制导系统导引控制飞行轨迹,导向目标并摧毁目标的飞行器。通过媒体我们熟知了一些导弹,如巡航导弹、弹道导弹。巡航导弹外形像飞机,德国的 V1 导弹是开山鼻祖,这种类型的导弹作为一个整体直接攻击目标;弹道导弹外形像火箭,无翼,元老首推德国的 V2 导弹。弹道导弹飞行到预定高度和位置后弹体与弹头分离,由弹头执行攻击目标的任务。

导弹"家族"大体上发展了四代,可谓"四世同堂"。在这个庞大的导弹"家族"中,按照作战用途大致可以分成"八大门派"。

1. 战略弹道导弹——核威慑的"大棒"

弹道导弹是以火箭发动机为动力的无翼无人驾驶飞行器。发动机关机

中国"东风"-31型洲际战略弹道导弹

后，导弹按预定弹道曲线飞向目标。战略弹道导弹是具有较大的射程（一般超过5000km），可携带核弹头用来攻击和威慑敌方战略目标的一类导弹。战略目标是对国家生存和战争胜败有重大意义的目标，如政治经济中心，指挥控制通信中心，预警系统，机场、港口等重要交通枢纽，核电站和大型发电站，大型水坝，城市和战略武器生产、储存、发射基地等。美国的"民兵"、俄罗斯的"白杨"-M、中国的"东风"-31等均属战略弹道导弹。

俄罗斯机动型"白杨"-M战略弹道导弹

2. 战术/战区弹道导弹——战区战场的"主力军"

战术弹道导弹是用于支援战场作战、压制和消灭敌方战役战术纵深目标的近、中程弹道导弹。它通常装常规弹头,也可装低当量核弹头,一般从机动发射车上垂直发射或倾斜发射。

战术弹道导弹攻击的主要目标有:指挥所、通信中心、军队集结地、装甲编队、机械化部队、导弹部队、前沿机场、防空阵地、加油库和桥梁等。美国的"陆军战术导弹系统",俄罗斯的"伊斯坎德尔"、"飞毛腿",中国的"东风"-15等均是战术弹道导弹。

中国"东风"-15战术弹道导弹

俄制"飞毛腿"战术弹道导弹

3. 巡航导弹——远程精确打击的"霹雳神"

巡航导弹是一种在大气中飞行，外形类似飞机的导弹。在加速后，主发动机的推力与阻力平衡，弹翼的升力与重力平衡，大部分时间处于近乎等高恒速巡航飞行状态。巡航导弹可分为核巡航导弹和常规巡航导弹。核巡航导弹由战略轰炸机或潜艇发射，其发射平台具有机动范围广、隐蔽性能好的特点，在遭受核打击的情况下，具有较高的生存能力，是实施第二次核打击的重要威慑力量。常规巡航导弹主要执行的作战任务包括：远距离精确打击、进攻型防御作战、海上作战和空袭支援等。美国的"鱼叉"、"战斧"，俄罗斯的"日炙"、"天王星"，法国的"飞鱼"等都属于巡航导弹。

法国"飞鱼"巡航导弹

美国"战斧"巡航导弹

下图展示了从陆地、舰船、潜艇和空中等各种不同平台发射的巡航导弹，穿越复杂地形，并最终在卫星的导引下攻击目标的情形。

各种发射平台巡航导弹执行任务示意图

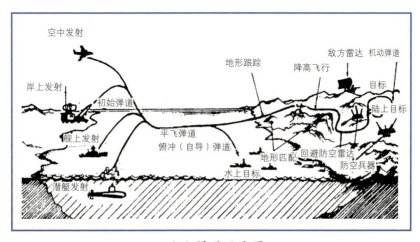

攻击弹道示意图

巡航导弹打靶试验

4. 防空、反导导弹——对抗空袭的"保护神"

防空导弹是指由地面或舰船发射，拦截空中目标的导弹，西方也称之为面空导弹。防空

中国"红旗"-9防空导弹武器系统

导弹可以拦截攻击机、武装直升机、无人机、巡航导弹、空地导弹、反辐射导弹和战术弹道导弹等多种不同飞行高度的空中及空间目标，又统称为防空防天导弹。美国的"爱国者"，俄罗斯的C-400、"道尔"，英国的"长剑"，中国的"红旗"等都是防空、反导导弹系统。

美国"爱国者"导弹防御系统

俄罗斯"道尔"导弹武器系统

5. 反舰/反潜导弹——碧海战舰的"天敌"

反舰、反潜导弹是打击水面舰船和潜艇的各类导弹的总称,是对海作战的主要武器。反舰导弹用于攻击大到航母、小到快艇等各类水面舰船;反潜导弹用于攻击战略导弹核潜艇、攻击型潜艇和为航母编队护航、巡逻用的潜艇等水下目标。反舰/反潜导弹是临海国家的主要制海和反潜武器。现有反舰导弹多为巡航式导弹。

美国的"鱼叉"、"战斧",俄罗斯的"海难"、"日炙"、"宝石",英国的"海鹰",意大利"玛特",中国的"鹰击"部分系列都是反舰导弹;美国的"萨布洛克",俄罗斯的"牡马",法国的"玛拉丰",意大利的"米拉斯"等都是反潜导弹。

反舰导弹命中舰船目标

中国"鹰击"反舰导弹

意大利"米拉斯"反潜导弹

6. 空空导弹——空中对抗的"利剑"

空空导弹是从空中平台发射，攻击空中目标的导弹。美国的"不死鸟"、"响尾蛇"、"阿姆拉姆"，俄罗斯的"射手"、"蚜虫"，以色列的"怪蛇"，中国的"霹雳"，中国台湾地区的"天剑"等，都是这类导弹中的佼佼者。

中国"霹雳"-9C 空空导弹

美国"响尾蛇"空空导弹

7. 空地导弹——蓝天战鹰的"撒手锏"

空地导弹是一个很大的范畴，它是指从空中平台发射，对敌方地面、水面、地下、水下目标实施攻击的导弹。它是现代战略轰炸机、战斗轰炸机、攻击机、武装直升机和反潜巡逻机等的主要攻击武器。美国的"小牛"、"瞪眼"、"哈姆"系列导弹等都属于空地导弹。

美国"小牛"空地导弹

空地导弹执行任务示意图

通用战术空地导弹用途比较广泛，可以执行各种对地攻击任务；专用型一般用来攻击特定的目标，如空地反辐射导弹等。

反辐射导弹又称为反雷达导弹，是指利用敌方雷达的电磁辐射进行导引，从而摧毁敌方雷达传感器载体的导弹。在电子对抗中，空地反辐射导弹有如高悬蓝天的猎鹰，时刻在寻找和分辨敌方的地面雷达。一旦发现目标，反辐射导弹立刻锁定目标的位置和辐射参数，并飞向目标实施攻击。当今数一数二的空地反辐射导弹当推美国的"哈姆"（AGM-88）。另外，早期的"百舌鸟"和"标准"等也曾取得过赫赫战功。反辐射导弹在现代战争中发挥了巨大作用，是电子战中的一种硬杀伤手段，因而也通常被归结为电子战武器。

中国新型 AR-1 空地导弹

美国"哈姆"空地反辐射导弹

美国"百舌鸟"反辐射导弹

美国"标准"反辐射导弹

命中地面雷达目标

8. 反坦克导弹——钢铁堡垒的"克星"

反坦克导弹从 20 世纪 50 年代中期开始投入使用,主要用于击毁坦克和其他装甲目标。与反坦克火炮相近,它具有射程远、精度高、威力大、重量轻等特点。除了可以攻击装甲目标外,反坦克导弹还可以攻击敌方碉堡、掩体和水面舰艇等多种目标,由于其精度高、威力大、使用灵活,而迅速成长为许多国家反装甲武器队伍中的一支生力军。典型的反坦克导弹有美国的"陶"式导弹、"地狱火"、"标枪",俄罗斯的"螺旋"、"短号",英、法、德联合研制的"崔格特",意大利的"麦夫",中国的"红箭"等。

意大利"麦夫"反坦克导弹

美国"陶"式反坦克导弹

坦克顶部装甲较薄，防守相对薄弱，是反坦克导弹攻击的重点部位。

导弹飞掠坦克目标上方

导弹战斗部射出弹丸攻击顶部装甲

二、透视导弹的"五脏六腑"

导弹就像形形色色的动物，进化程度比较高，由多个分系统组成的一个完整作战系统。各个分系统就像动物的各个器官一样，对于整个导弹不可或缺。组成导弹的各种主要"器官"是什么呢？它们又起到什么作用呢？下面，我们通过透视"陶"式反坦克导弹和"硫磺石"导弹的"五脏六腑"来分析导弹各子系统的结构和功能。

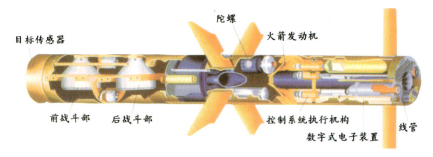

"陶"－2B反坦克导弹透视图

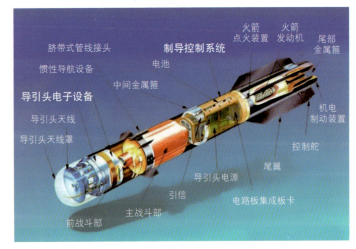

"硫磺石"导弹透视图

从两个导弹的透视图可见，导弹武器主要由导引系统、控制系统、动力推进系统、战斗部、弹体、电源系统以及安全点火系统等部分组成。

精确制导武器与其他武器的最大区别在于它具有"眼睛"、"耳朵"和"大脑"，我们称之为导引系统。它的基本功能是获取被攻击目标的信息，并按程序对信息进行分析处理，为导弹提供指

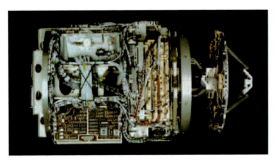

美国"爱国者"导弹的导引头

引和导向。由于常装在导弹的头部，通常简称为"导引头"。

美国 AARGM 空地反辐射导弹导引头

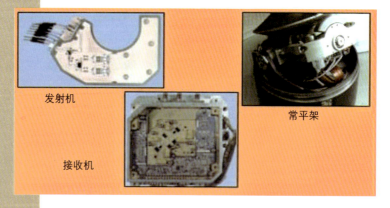

美国"长弓－地狱火（海尔法）"导引头内部结构图

导引系统的"大脑"部分是由看得见、摸得着的信息处理机硬件和看不见的软件系统组成，它们处理信息的能力直接决定了整个导弹的"智力"水平。"大脑"能够根据"眼睛"、"耳朵"等器官探测到的目标信息，正确地感知与理解外部环境,实现目标检测、识别与跟踪，并形成制导指令。

美国 AIM-9L 空空导弹导引系统

导弹导引头信息处理机实物图

控制系统好比是导弹的"神经"和"手脚",它的基本作用是执行"大脑"生成的制导指令,控制导弹的飞行姿态和运动轨迹,保证导弹准确命中目标。

俄罗斯 R-77 空空导弹飞控组件

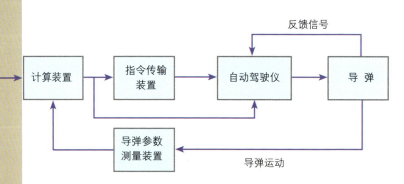

导引控制系统组成示意图

把动力装置比作是导弹的"心脏"和"肌肉"也许不是很确切（比喻有时是蹩脚的）。实际上，动力装置比较好理解，一般由发动机和燃料（推进剂）供应系统两部分组成。

一种战略地地弹道导弹的火箭发动机

德国"金牛座"导弹发动机

"流星"空空导弹的固体火箭冲压发动机

战斗部（或弹头）如同导弹的"爪牙"，是毁伤目标的专用装置。战斗部（或弹头）可以为核装药、常规炸药、化学战剂、生物战剂，或者使用电磁脉冲战斗部。有的导弹则没有专门的战斗部，而是利用高速飞行的动能，采用直接碰撞的方式摧毁目标，这时可将整个弹体视作战斗部。

战斗部外形图

德国"金牛座"导弹战斗部及其引爆过程图

弹体通常称为导弹的"躯干",是指构成导弹外形、连接和安装弹上各个装置的整体结构。

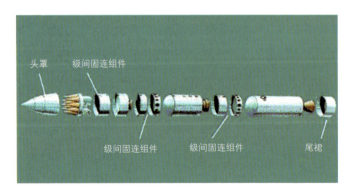

弹道导弹弹体结构示意图

电源配电系统可以说是导弹的"血液和血管",是保证导弹各分系统正常运转的能源装置。

此外,有的导弹还有安全系统,分离系统以及点火系统等其他一些"器官"。

所有这些组成部分是相互协调的统一体,保证了导弹系统各功能的正常运转。

三、精确制导武器的"神功"来自何处

(一)破解神秘的精确制导技术

为什么精确制导武器具有实施精确打击的"神功"呢?主要原因就是这类武器有保证打击精度的制导装置,这些装置采用了先进的精确制导技术。

如果把弹头技术、发动机技术比作武器"外身硬功"的话,那么精确制导技术就是成就制导武器"神功"所必需的"内功心法"。在导弹飞行轨迹中段,精确制导技术要保障导弹准确到达指定的目标区域,特别是在导弹飞行轨迹末端,要指挥导弹准确命中目标。

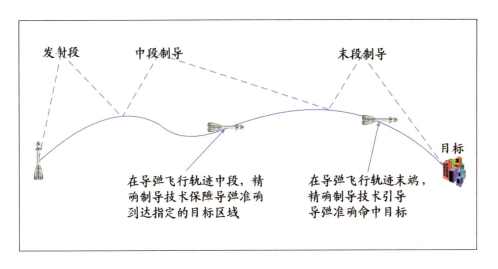

精确制导技术在导弹飞行轨迹中／末段发挥作用示意图

精确制导武器技术应用向导

Precision Guidance

那么，什么是"精确制导技术"呢？

精确制导技术是精确制导武器的核心技术，主要研究弹载精确探测、信息支援综合利用和高精度导引控制技术。

其中弹载精确探测技术主要用于对目标精确探测、识别和跟踪；信息支援综合利用技术是利用信息支援保障系统提供的信息，对目标进行定位和识别；高精度导引控制技术利用精确探测系统和信息支援保障系统提供的目标信息以及弹上设备和（或）其他外部信息提供的导弹位置和运动状态信息，采用先进的控制设备和制导控制方法，确保武器精确命中目标。

精确制导武器是典型的信息化装备，精确制导技术是其核心技术，是提高精确制导武器作战效能的关键。

精确制导技术包括三大"内功心法"：一是精确探测技术，这部分就像人的眼睛和耳朵，它们独立或联合获取所要攻击目标的信息；二是信息处理与综合利用技术，就像人的大脑，能够综合"亲身体验"（弹上信息）及"旁人指点"（弹外信息），智能化地作出决策；三是导引控制技术，就像人通过神经系统去控制双手双脚，执行大脑发出的各项指令。那么这三大"内功心法"是如何成就武器的精确制导"神功"呢？下面，我们逐一去破解其中的奥秘。

（二）让制导武器长上"眼睛"和"耳朵"：精确探测技术

精确制导武器的"眼睛"和"耳朵"是武器获取战场目标和环境信息的基础，在技术领域中称为"传感器"，主要包括雷达传感器（微波雷达、毫米波雷达等）、光学传感器（可见光、红外、激光等）、多模/复合传感器等。除了弹上的"耳目"外，精确制导武器通常还配备了弹外探测制导装置（如地面制导站）以探测目标和环境，并导引控制导弹飞行。此外，还可以通过信息支援保障系统（如卫星、预警机等）获取多种多样的情报。这些情报通过"信息链"相互传递，实现资源共享和综合利用。正是有了这些弹上和弹外的众多"眼睛"、"耳朵"来观六路、听八方，精确制导武器才能从复杂的战场环境中发现具有打击价值的目标。下面主要介绍几种常见的传感器。

1. 雷达传感器

"千里眼"是中国古代传说中的神仙，他可以看到千里之外的东西。可是现代雷达要比这位神仙还要高明。

海基预警雷达

陆基预警雷达

机载预警雷达

  雷达在精确制导武器系统中应用广泛，并起着极为重要的作用。雷达的突出特点是作用距离远，测量精度高，可全天时（白天／黑夜）、全天候（风／霜／雨／雪）工作；能精确测出目标的位置，并对目标进行自动跟踪；有的雷达能对多个目标智能排列威胁等级，选择其中最有威胁的目标进行攻击；还有的雷达能够滤除地物的杂波，测出目标的飞行速度等。

先进成像雷达"看"到的地形图像

战场环境的日益复杂,给雷达传感器提出了严峻挑战和新要求,如远距离探测隐身目标,及早发现低空和超低空突防目标,实现多目标分辨,对抗各种形式的电子干扰,识别多种类型的目标等。为此,近些年雷达探测采用了许多新技术。办法之一是扩展雷达的频率范围,例如扩展到毫米波频段。

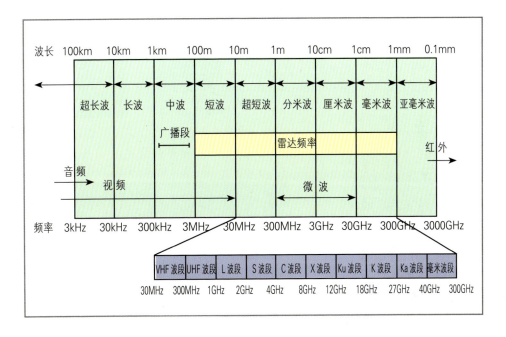

电磁波频谱示意图

毫米波雷达具有频率高、波长短、波束窄、测量精度高的特点,可分辨几厘米大小的目标,也可发现或跟踪低空、超低空飞行目标,并且其抗地物杂波和抗干扰能力很强,能全天候工作。随着固态微波器件、微波毫米波单片集成电路和计算机技术的发展,可将雷达导引头做得很小巧,装在导弹上,自动引导导弹飞向目标,实现"发射后不管"。改进的"爱国者"导弹的导引头就采用了毫米波雷达传感器。

俄罗斯R系列导弹雷达导引头

"爱国者"-3导弹加装了毫米波导引头

我们知道,通过眼睛、耳朵和鼻子所获得的外部世界信息是不同的。同样,雷达、红外、激光、可见光、声纳等传感器由于物理机制不同,提供的战场目标和环境信息也是大不相同的。下面介绍其他几种常用的传感器。

2. 红外传感器

红外传感器的探测机理是基于热体辐射,它能够将目标辐射的红外能量(如飞机发动机喷出的高温气体)转换成信号处理机能够处理的电信号。从传感器结构来看,红外传感器历经了点源、一维线阵、二维面阵等阶段;从工作频段来看,红外传感器历经了单色红外(长波、中波、短波)、双色红外、多光谱等发展阶段。首先出现是点源探测器,它把目标看作是一个点光源。

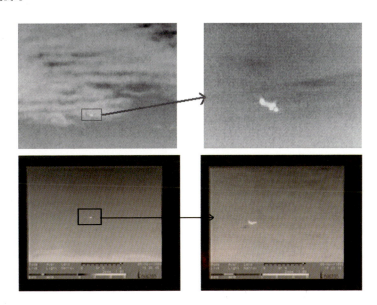

红外点源探测器发现目标

一维线阵、二维面阵都属于先进的红外成像传感器,二维面阵成像传感器代表了红外探测技术的最新进展。红外成像又称为热成像,基本原理是利用目标与周围环境之间红外辐射能量(温度)的差异,将物体表面温度的空间分布转化为电信号,并以图像的形式显示出来,最终得到目标区域的红外图像,就好比是用一种特殊的数码相机来对目标和环境的热量(温度)分布进行"拍照"。

红外热成像探测器发现并捕获目标

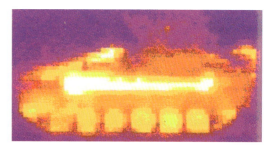

红外热成像探测器观察目标被
击中的情形

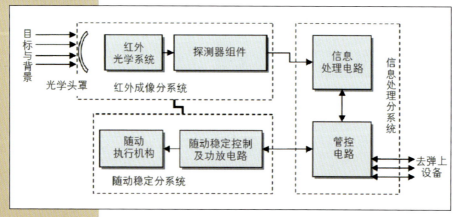

红外成像导引头基本功能框图

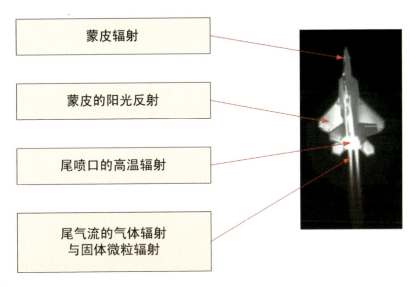

飞机的红外辐射图

红外成像传感器要比点源传感器的灵敏度、分辨率、视角高出许多倍，具有更强的抗红外干扰和目标识别能力。

3. 激光传感器

有些导弹系统采用激光技术作为观测手段，目前主要采用波束制导或半主动寻的。在采用波束制导时，在导弹飞向目标的过程中，地面激光雷达一直跟踪照射目标，导弹检测自己是否偏离激光波束中心线，并不断纠正偏差，直至命中目标。

相比于微波雷达，激光雷达波长短、波束窄，方向性强，因而测距、测角精度更高，并且不易被其他光源和电磁波干扰。有些激光导

激光制导炸弹导引头

引头还能获得目标的立体像（三维全息成像），逼真地再现外部世界的图景，为自动目标识别（ATR）提供非常丰富的信息，有利于提高制导精度、抗干扰能力以及制导武器的智能化程度。

国产 155mm 激光制导炮弹

美国"铜斑蛇"激光制导炮弹

采用激光主动成像制导的
LOCAAS 导弹

采用激光半主动制导的法国
AS-30L 导弹

4. 电视传感器

电视（可见光）传感器采用高分辨率 CCD 摄像头，再附加长焦镜头之后，能看清几十千米以外的目标。清晰的图像能显示出目标特征，有利于目标识别和抗干扰，所以很多导弹系统将电视作为辅助观测设备。

电视导引头侧面特写

电视制导武器
瞄准坦克

采用电视制导的俄罗斯 X－29 空地导弹

上面讲到的红外、激光和电视传感器都是光学传感器，采用这些传感器的精确制导技术统称为光学制导技术。

5. 惯性测量器件

雷达和光学传感器是导弹的"眼睛"，它们主要用来观测作战目标和外部战场环境。而惯性测量装置可以说是导弹的"内眼"，它主要用来测量导弹自身的运动状态，是惯性导航的主要传感器。惯性测量装置包括陀螺仪和加速度计，陀螺仪用于测量角运动参数，加速度计则用于测量导弹的加速度。

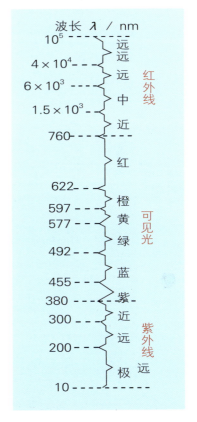

光学波段划分示意图

加速度计　　　　　　　　陀螺仪

按照它们在导弹内部的安装方式，可把惯性制导系统分为平台式和捷联式两类。

平台式惯导系统的测量装置安装在弹体内部的常平架上，利用陀螺仪使台体保持稳定。这种制导系统的测量条件较好，控制系统的运算量也较小，但重量和尺寸较大，适于沿地球表面作接近等速运动的大型飞行体。因此，洲

平台式惯性测量设备

际弹道导弹、潜地弹道导弹、远程巡航导弹和大型的运载火箭基本上都采用平台式惯性制导系统。

捷联式的测量装置直接安装在弹体上,省去了惯性平台,制导系统体积较小,重量较轻,可靠性也较高,但需要高速大容量的计算机对运动参数进行实时的坐标变换才能获得所需的制导数据,此外还要克服测量装置直接承受的弹体振动、冲击及角运动带来的动态误差。现代战术导弹多采用捷联式惯性制导。

捷联式惯性测量设备

6. 声纳传感器

声纳探测装置可以说是水下制导武器的"顺风耳"。声纳是利用声波对目标进行探测、定位和通信的一种电子设备。声纳是英文 SONAR 的音译,全称是 Sound Navigation and Ranging,具体含义为声波导航与测距,体现了声纳的工作原理和主要功能。

在水中进行观察和测量,声波具有得天独厚的条件,而其他探测手段的有效作用距离都很短。光在水中的穿透能力很有限，即使在最清澈的海水中，人们也只能看到十几米到几十米内的物体。电磁波在水中也衰减很大，而且波长越短，损失越大；即使用大功率的低频电磁波，也只能传播几十米。声波在水中传播的衰减就小得多，在深海中爆炸一个几千克当量的炸弹，在 2 万 km 外还可以收到信号。低频的声波还可以穿透海底几千米的地层。

俄制声纳

拖曳式声纳

　　声纳装置一般由基阵、电子机柜和辅助设备三部分组成。基阵由水声换能器以一定几何图形排列组合而成，其外形通常为球形、柱形、平板形或线列行。电子机柜一般有发射、接收、显示和控制等分系统。辅助设备包括电源设备、连接电缆、水下接线箱和增音机，还有与声纳基阵的传动控制相配套的升降、回转、俯仰、收放、拖曳、吊放、投放以及声纳导流罩等装置。

声纳技术按其工作方式可分为主动（有源）和被动（无源）两类。主动声纳依靠本身发射的声波"照射"目标，同时接收目标的反射回波来测定目标的距离、方位等信息。被动声纳本身并不发射声波，而是依靠接收舰船等目标的发动机等部件工作时产生的噪声或其他发声设备产生的声波信号来测定目标方位。

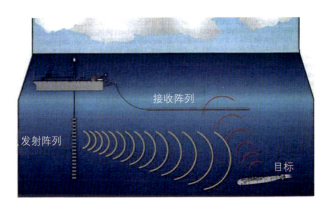

主动声纳工作示意图

（三）"大脑"使制导武器具有智力：信息处理与综合利用技术

武器借助于"眼睛"和"耳朵"发现目标后，怎么就能准确地识别跟踪并攻击目标呢？这时需要精确制导武器的"大脑"来处理信息、"运筹帷幄"。

看过《动物世界》的观众，一定对猎豹追逐羚羊的场面留下了深刻印象。只见猎豹紧盯目标，跑出曲折的路线，迅速接近并果断扑向羚羊。导弹飞向目标的过程就如同猎豹追逐猎物。事实上，地空导弹追击飞机的方法，就和猎豹追逐猎物的方法十分相似。在追踪过程中，制导武器上的雷达、红外、电视或激光传感器瞄准目标（如同猎豹的双眼紧盯猎物），不断调整导弹的飞行方向，只要导弹比目标飞得快，就一定能追上目标。

导弹在打击目标的过程中需要依靠一套制导方式来飞向目标。什么是制导方式呢？简单地说，制导方式是处理所获取的信息，引导武器攻击目标的技术方法和手段，也常称为制导体制。常见的制导方式主要包括遥控制导、寻的制导、匹配制导、惯性制导、卫星制导和复合制导，其中惯性制导、匹配制导和卫星制导又都属于导航式制导，这种制导方式适用于打击固定目标。

1. 遥控制导

遥控制导是由弹外的制导站测量并向导弹发出制导指令，由弹上执行装置操纵导弹飞向目标的制导方式。遥控制导方式可分为有线指令制导、无线电指令制导和驾束制导。有线指令制导系统通过光纤等线缆来传输制导指令，抗干扰能力强，但导弹的射程、飞行速度和使用场合等受连接线缆的限制。无线电指令制导通过无线电波传输制导指令，其优点是弹上设备简单，作用距离远，但容易被对方发现和干扰；驾束制导是在目标、导弹、照射源间形成三点一线关系来实现追踪过程，其优点是设备简单，但其需要外部照射源，且精度随射程增加而显著降低。

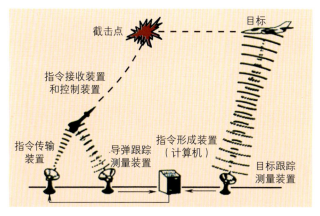

雷达指令制导示意图

在"雷达指令制导示意图"中，地面雷达发现并跟踪目标，导弹跟踪测量装置实时地测量导弹位置，指令形成装置综合二者的信息进行计算产生制导指令，并通过无线装置传送给导弹，引导导弹击中目标。

在"驾束制导示意图"中，地面雷达发现目标后，对目标进行自动跟踪，雷达波束时刻对准目标，同时控制导弹始终位于波束中心线附近，从而在目标—导弹—地面雷达间形成三点一线的瞄准关系，引导导弹击中目标。

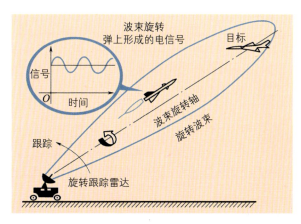

驾束制导示意图

总的来说，遥控制导主要用于反坦克导弹、地空导弹、空地导弹和空空导弹等。

采用遥控制导方式的
美军"陶"式反坦克导弹

2. 寻的制导

寻的制导是由弹上的导引头探测接收目标的辐射或反射能量，自动形成制导指令，控制导弹飞向目标的制导方式。"寻的"一词中"的"的本义为"靶子"，也就是导弹攻击的目标，因此，"寻的"的含义就是寻找、追踪待攻击目标。按目标信息的来源，寻的制导可分为主动、半主动和被动制导三种方式。其工作原理示意图中描绘了三种寻的制导方式的工作原理。图中实线表示发射信号，虚线表示反射信号。从图中可以看出，在主动寻的制导方式中，导弹接收的是其自身发射信号照射到目标后的回波；在半主动寻的制导方式中，导弹接收的是地面或其他地方制导站发射信号照射到目标后的回波；在被动寻的制导方式中，导弹接收的是目标所发出的信号。

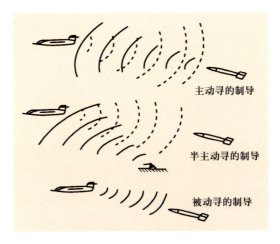

导弹寻的制导工作原理示意图

主动寻的制导可实现"发射后不管"，缺点是受弹上发射功率的限制，作用距离有限，多用于复合制导的末制导，如法国的"飞鱼"反舰导弹就采用了末段雷达主动式寻的制导方式。

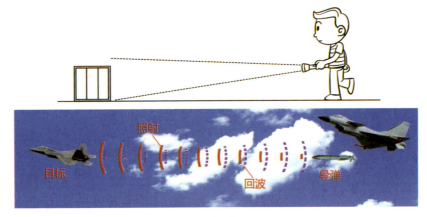

主动雷达制导示意图

半主动寻的优点是弹上设备简单,缺点是依赖外界的照射源,其载体的活动受到限制,如美国的"霍克"地空导弹采用雷达半主动寻的制导,"海尔法"反坦克导弹、"铜斑蛇"制导炮弹和多数制导炸弹则采用激光半主动寻的制导。

美国"地狱火"
(又称"海尔法")
反坦克导弹

美国"铜斑蛇"
制导炮弹

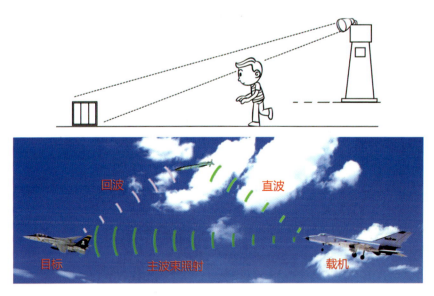

半主动雷达制导示意图

被动寻的制导也具有"发射后不管"的特点，弹上设备比主动寻的系统简单，缺点是对目标辐射或反射特性有较大的依赖性，难以应付目标关机的情形。如中国的"前卫"一号便携式单兵防空导弹，采用的就是红外被动寻的制导方式。寻的制导多用于空空导弹、地空导弹和空地导弹。

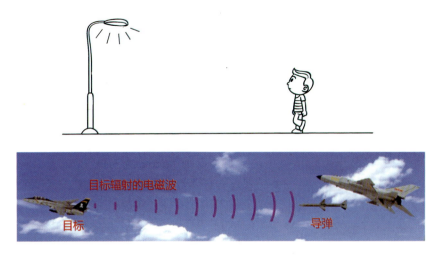

被动雷达制导示意图

3. 匹配制导

匹配制导是通过将导弹飞行路线下的典型地貌/地形特征图像与弹上存储的基准图像作比较，按误差信号修正弹道，把导弹自动引向目标的制导方式。地面目标（如港口、机场和城镇等）有许多与地理位置密切相关的特征信息，如地形起伏、无线电波反射、微波辐射、红外辐射和地磁场强分布等。匹配制导就是基于地表特征与地理位置之间的这种对应关系。导弹上的图像装置沿飞行轨迹在预定空域内摄取实际地表特征图像（称实时图）。在相关器内将实时图与预先储存在弹上存储器内的标准特征图（称基准图或参考图）进行匹配（配准），由此确定导弹实际飞行位置与标准位置的偏差。弹载计算机根据这种偏差按预存的制导程序进行实时运算和发出制导指令，最终引导导弹准确命中目标。

匹配制导按图像空间几何特征的不同分为一维、二维和三维匹配，或相应地称为线匹配、面匹配和立体匹配；按所用图像遥感装置的不同分为光学图像匹配、雷达图像匹配、微波辐射图像匹配；按图像信息提取方法的不同分为主动式图像匹配和被动式图像匹配。实际运用中，一般按图像信息特征将匹配制导分为地形匹配制导和地图匹配（景象匹配）制导两种。

地形匹配制导示意图

地形匹配制导以地形轮廓线（等高线）为匹配特征，通常用雷达（或激光）高度表作为测量装置，把沿飞行轨迹测取的一条地形等高线剖面图（实时图）与预先储存在弹上的若干个地形匹配区的基准图在相关器内进行匹配。它可用于巡航导弹的全程制导和弹道导弹的中制导或末制导。地形匹配制导的优点是容易获得目标特征，基准源数据稳定，不受气象变化的影响。缺点是不宜在平原地区使用。

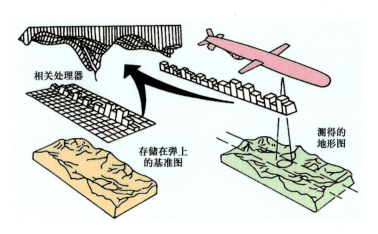

地形匹配制导原理图

地图匹配（景象匹配）制导以区域地貌为特征，采用图像成像装置（雷达式、微波辐射式、光学式）摄取沿飞行轨迹或目标区附近的区域地图并与储存在导弹上的基准图匹配。地图匹配制导的优点是能在平原地区使用，但目标特征不易获得,基准源数据受气候和季节变化的影响,不够稳定。若采用光学传感器成像,景象还受一天内日照变化的影响和气象条件的限制。地图匹配制导精度比地形匹配高,但复杂程度也相应增加。美国"潘兴"II型地地弹道导弹、部分型号的战斧巡航导弹等就采用了这类制导方式。

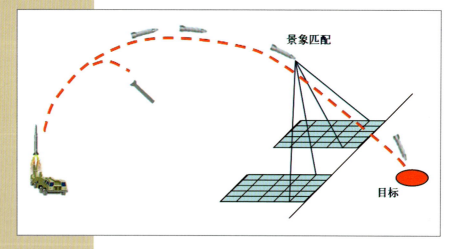

景象匹配工作示意图

末制导采用地图匹配(景象匹配)
的战斧巡航导弹

4. 惯性制导

惯性制导是一种自主式的制导方式,是以自身或外部固定基准为依据,导弹在发射后不需要外界设备提供信息,独立自主地导引和控制导弹飞向目标的一种制导方式。它的基本依据是力学定律和运动学方程。

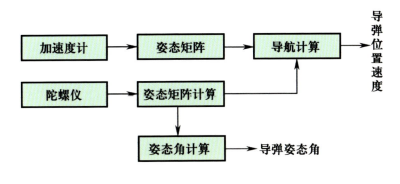

惯性制导工作原理图

导弹利用陀螺仪和加速度计组成的惯性测量装置测量并计算导弹的位置、速度和姿态角等运动参数,与预定轨迹进行比较,进而形成制导指令。其特点是不需要外部任何信息就能根据导弹初始状态、飞行时间和引力场变化确定导弹的瞬时运动参数,因而不受外界干扰。这种制导方式须预先

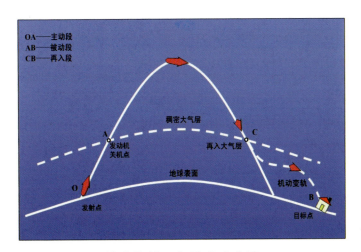

弹道导弹飞行弹道示意图

知道导弹本身和目标的位置，适用于攻击固定目标或已知其运动轨迹的目标。大部分地地、潜地弹道导弹多采用这种自主式的制导方式。

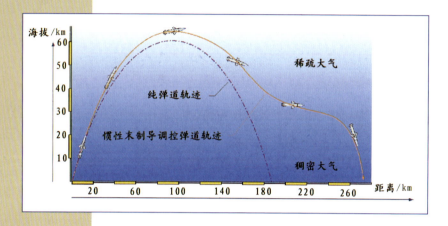

印度试射的"普利特维"短程
惯性制导弹道导弹轨迹图

5. 卫星制导

卫星制导是当代许多先进精确制导武器的主要制导方式之一。在制导武器发射前将侦察系统获得的目标位置信息装订在武器中，武器飞行中接收和处理分布于空间轨道上的多颗导航卫星所发射的信息，可以实时准确地确定自身的位置和速度，进而形成武器的制导指令。

美国的全球定位系统（GPS）已应用于巡航导弹、炸弹等精确制导武器，如BGM-109C block 3型巡航导弹，已用GPS接收机代替了原有的地形匹配制导。原采用空间定位精度30m

的地形匹配系统，巡航导弹可达到 9m 的命中精度；而采用空间定位精度为 10m 左右的 GPS 系统后，可以使巡航导弹的命中精度提高到 3m。

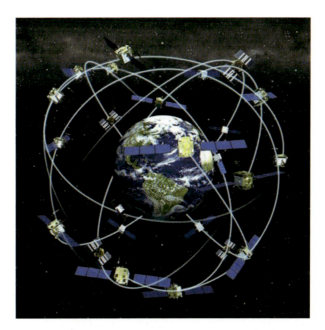

美国的全球定位系统（GPS）星座图

当单纯用惯导的战术弹道导弹采用了"GPS+惯导"或"GLONASS（俄罗斯卫星定位系统）+惯导"制导方式后，可使其命中精度达到 20m 左右。"GPS+惯导"组合制导技术发挥了各自的优点，即可以利用 GPS 的长期稳定性与适中精度，来弥补"惯导"误差随工作时间的延长而增大的缺点，利用"惯导"的短期高精度来弥补 GPS 接收机在受干扰时误差增大或遮挡时丢失信号等的缺点，使得整个组合制导系统

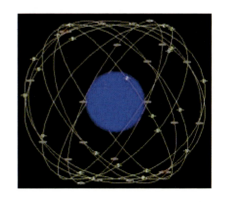

俄罗斯卫星定位系统（GLONASS）星座图

结构简单、可靠性高，具有很高的效费比。

卫星制导还可用于低成本的精确制导弹药。例如，1999年3月24日晚，两架B-2A各携带16颗908kg的"GPS+惯导"组合制导的JDAM炸弹，从美国本土的怀特曼空军基地出发，经过15h飞行和空中加油后到达南联盟预定空域，从12200m高空同时投放所携带的32颗JDAM炸弹，准确命中了预定的各种目标。

F-15K挂载的"GPS+惯导"组合制导JDAM炸弹

6. 复合制导

复合制导是在导弹飞行的初始段、中间段和末段，同时或先后采用两种以上的制导方式，其不同传感器之间有串联、并联、串并联等组合方式。单一的制导系统可能出现制导精度低、作用距离近、抗干扰能力弱、目标识别能力差或不能适应各飞行阶段要求等情况，采用复合制导可以发挥各种制导系统的优势，取长补短，互相搭配，而这正是复合制导技术的初衷。

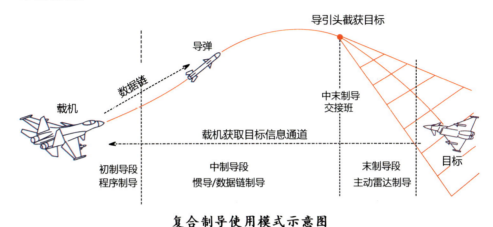

复合制导使用模式示意图

组合方式依导弹类别、作战要求和攻击目标等不同而异。通常有"惯导＋寻的"、"惯导＋遥控"、"遥控＋寻的"、"惯导＋遥控＋寻的"、"惯导＋地形匹配"、"红外＋毫米波"、"微波＋毫米波"等复合制导系统等。另外，由于惯性制导方式频繁应用于初段和中段制导过程，因此"惯导＋×××"的复合制导方式也为现代导弹广泛采用。

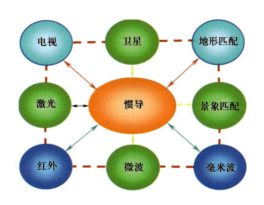

"惯导＋×××"复合制导方式示意图

美国反辐射导弹主／被动雷达复合导引头

毫米波／红外双模导引头

采用主／被动雷达复合制导的
俄罗斯"马斯基特"反舰导弹

下面以美军典型的空地反辐射导弹 AARGM 为例,简要说明复合制导的原理及过程。

AARGM 是在响尾蛇导弹基础上设计的,中段采用 GPS+INS(卫星导航+惯性导航)进行制导,末段采用微波被动+主动毫米波寻的制导(主被动雷达复合制导)。

AAARGM 空地反辐射导弹

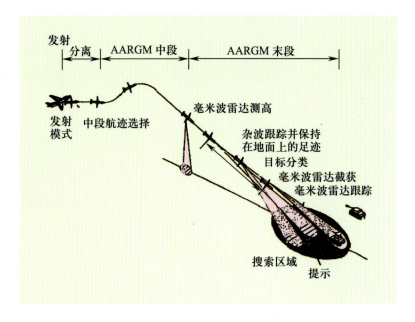

AARGM 的工作原理图

由于在末段新增了主动毫米波制导，即使是敌方雷达关机停止辐射，导引头也能在接近目标位置时进行毫米波主动寻的，搜索到敌方雷达天线和防空导弹发射架的强回波，并利用自动目标识别（ATR）算法，攻击防空导弹系统的指挥车，而不是攻击天线（天线距指挥车通常有一定的安全距离），因而具有很强的对抗能力。

（四）"身手"敏捷驾驭导弹：高精度导引控制技术

要确保导弹准确命中目标，必须时刻保证导弹的正确位置和正确的飞行方向。制导系统就像导弹的"神经"和"手脚"一样，控制着导弹姿态和飞行方向。制导系统包括导引系统和控制系统两部分。其中，导引系统的主要作用是根据探测到的目标数据，结合导弹运动参数、导航数据，进行信息处理，发出控制指令；控制系统在收到控制指令后，根据陀螺仪测出的导弹运动姿态参数、加速度计测出的导弹侧向加速度等，对导弹的俯仰、偏航和横滚三个方向进行控制。导引与控制系统既存在密切联系，功能上又有明显区别，二者共同组成制导系统。

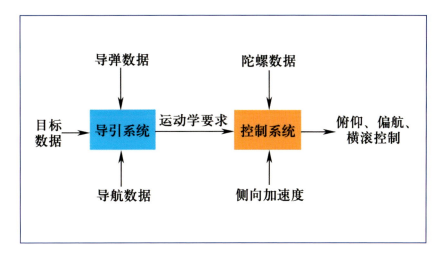

导弹的导引与控制系统

"发射后不管"导弹的制导系统所有设备都装在弹上；发射后仍需要由地面或发射平台制导站发送指令进行控制的导弹，其制导设备只有一部分装于弹上，另外的部分装在发射平台（地面、舰船、飞机等）的制导站上。

下面重点介绍导引方法，也就是专业术语"导引律"的基本知识。

我们集合排队的时候，自己站的位置和方向是否正确，总是看标兵的位置和方向而定。导弹在一瞬间所处的位置或飞行方向是否正确，又以什么"标兵"来定位呢？导弹的"标兵"叫"目标瞄准线"，就是瞄准点和目标之间的连接线，简称"瞄准线"。根据"瞄准线"确定导弹的正确位置，并导引和控制导弹朝正确的方向飞行，是现代高精度导引控制技术所广泛采用的方式。基于"瞄准线"原理，通常有"三点法"等几种瞄准目标的方法（导引方法，或称"制导律"）。下面以地空导弹为例进行说明。

1. "三点法"瞄准

简而言之就是指挥站瞄准点、导弹和目标三者始终保持在一条直线上。

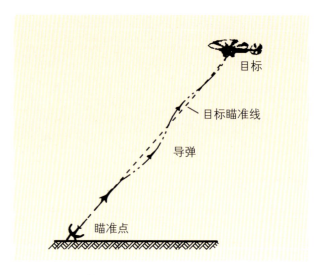

静止目标"三点法"瞄准

采用遥控制导的地空导弹的瞄准点固定在地面上，如果目标在空中不动，目标瞄准线是一条固定不动的直线，导弹只要沿着这条瞄准线飞行，就一定能和目标相遇，所以这条瞄准线上所有的点，都是导弹瞬时的正确位置。我们将导弹各瞬时位置连接起来就是导弹的轨迹线，称为导弹的理想轨道。

如果目标在空中飞行，目标瞄准线便随着目标的移动围绕瞄准点连续的转移指向。在任一瞬间的目标瞄准线，叫瞬时瞄准线。只要导弹的位置始终在瞬时瞄准线上，导弹就一定能不断接近目标，最终和目标遭遇。如果导弹不在理想轨道上，表明导弹的飞行存在偏差，导弹偏离理想轨道越远，导弹飞行偏差就越大。

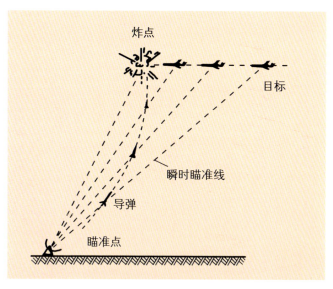

移动目标"三点法"瞄准

上面所说的瞄准方法,要求导弹、目标和瞄准点三点在一条直线上,因此叫"三点法"瞄准。

2. "前置点法"瞄准

地空导弹用"三点法"瞄准运动目标时,导弹的飞行路线是一条曲线,导弹越接近目标,路线越弯曲。就像我们游泳一样,当要对准左前方拐弯的时候,觉得身子向右边滑去,发生"侧滑"。拐弯越急,身子向外侧滑的越多,结果游偏了方向。导弹拐弯飞行的时候,也要在空中侧滑,导弹的飞行路线越弯曲,向外测滑的越多,导弹就打不到目标,而从目标的旁边飞走。若要减小导弹的侧滑,可以将导弹的正确位置设置在瞬时瞄准线的前头,离瞬时瞄准线有一个适当的距离,这个距离叫导弹的"提前量"。这种瞄准方法叫"前置点法"瞄准。为了使导弹能和目标遭遇,导弹的提前量必须随导弹到目标的距离而变化,导弹越接近目标,提前量应越小。

导弹用"前置点法"瞄准时的飞行路线,比用"三点法"瞄准时的飞

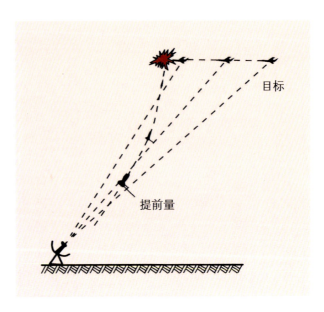

"前置点法"瞄准

行路线要直得多,因此导弹向外侧滑较小,更能准确飞向目标。

3. "追踪法"瞄准

采用"追踪法"瞄准的导弹,其瞄准点在导弹上,目标瞄准线是导弹和目标之间的连接线,追踪法又称"两点法"。因为目标和导弹都在飞行,目标瞄准线在空中移动,同时还绕导弹连续转移方向。如果导弹的飞行方向时刻对准目标,也就是和瞄准线的方向一致,只要导弹比目标飞得快,导弹一定能追上目标。这种瞄准和猎狗追踪野兔的情况相似,因而被称为"追踪法"。

"追踪法"瞄准

4. "前置角法"瞄准

导弹用"追踪法"瞄准的飞行路线比较弯曲。若将导弹的飞行方向提前瞬时瞄准线一个角度,这个角度叫做导弹的"前置角"。它的大小随目标的飞行方向而变化,导弹的飞行路线就可以直得多,这种瞄准方法叫"前置角法"瞄准。

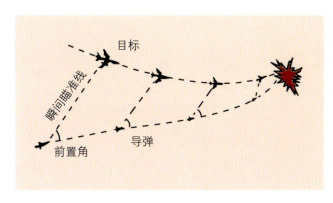

"前置角法"瞄准

前面介绍的几种导引方法都是经典方法。一般而言,经典导引方法需要的信息量少,且易于工程实现。因此,现役的战术导弹大多采用经典方法或其改进形式。但是对于现代战场环境中出现的一些高速大机动目标,或者是当目标采用各种自卫干扰措施的情况下，经典的导引方法就不太适用了。

随着计算机技术的迅速发展，基于现代控制理论的一些导引方法（如微分对策导引方法、自适应导引方法、微分几何导引方法、反馈线性化导引方法、神经网络导引方法等）得到了快速发展。

（五）精确制导武器研发的理想境界：聪明、灵巧、智商高

很多先进导弹在打击目标时不仅仅能识别敌我，还能判别出目标的类型，例如"智商"较高的导弹能够分清楚航母编队中的航母、巡洋舰和驱逐舰，并且能够选择航母上重要位置进行攻击，以达到最强的破坏力。这样的导弹就像有人在驾驶一样，能够实现对目标的精确打击。

大家都知道，在针对美国本土的"911"恐怖袭击中，两架波音飞机被恐怖分子劫持，然后分别撞向纽约世贸大厦的两栋大楼，两栋大楼随后倒塌。这时候，民航飞机就像一个智商极高、制导精度极高的巡航导弹，攻击了世贸大楼的关键结构部位，导致大楼最后倒塌。

"911"袭击无疑是不人道的恐怖活动，但整个恐怖袭击的过程与精确制导武器的作战过

"911"恐怖袭击时第二架飞机
撞向大厦之前的图片

世贸大厦周围的楼宇

精确制导武器技术应用向导

Precision Guidance

程却极为类似。飞机撞向大楼之前需要在纽约市中心众多大楼中选择世贸大厦，在这些大楼中选择世贸大厦并不容易，需要根据大楼的位置事先规划好飞机的航线，而且还要防止飞行过程中碰到其他大楼，这好比精确制导武器面临的战场环境。而飞机攻击大楼的关键部位（选择攻击点）则更难。所以整个攻击过程需要事先精确设计飞机航向、航速，如果航向偏离，则撞不上大楼；如果航速过慢，则容易被拦截，且不会给大楼造成毁灭性攻击，二者缺一不可。

精确制导武器面临的战场环境比这次恐怖袭击事件更复杂，实施精确打击的难度更大：首先，精确制导武器的"智商"显然没有驾驶飞机的人智商高；其次，精确制导武器攻击的目标比世贸大厦要小得多，增加了发现目标、识别目标、跟踪目标的难度，目标要害部位选取更难。

精确制导武器技术发展的理想境界就是使制导武器耳聪目明，给导弹装上高智商的大脑，能够自主思考，针对不同的作战环境，做出最优选择，进而身手敏捷地打击目标的薄弱环节。

第二篇 现代战场环境解析

02

一、现代"江湖"的险恶
　　——战场环境日趋复杂
二、观天地风云变幻
　　——复杂自然环境对精确制导武器的限制
三、猛虎架不住群狼
　　——作战对象给精确制导武器带来的挑战
四、看不见的新战场
　　——复杂电磁环境对精确制导武器的影响
五、布阵斗法巧作为
　　——利用战场环境对抗敌方精确制导武器

一、现代"江湖"的险恶
——战场环境日趋复杂

如果把精确制导武器比作是身怀绝技的"英雄好汉",战场环境就是他们行侠仗义、扬名立万的险恶"江湖"。现代战场环境的严峻态势,比起武侠小说中的江湖险恶有过之而无不及。如果不适应战场环境,精确制导武器的"眼睛"可能会变得朦胧,"耳朵"听不清楚,甚至连"大脑"也因备受蒙蔽而变得迟钝起来。

(一) 精确制导武器面临的战场环境

战场环境即作战环境,本书主要从技术视角加以定义。

> 战场环境:指在一定的战场空间内,对作战有影响的电磁活动、战场目标(即作战对象)和自然现象的总和。主要包括:电磁环境、气象环境、地理环境和战场目标环境等多种类型。

战场环境呈现如下特点:

(1) 构成上类型众多,影响各异。战场环境主要由电磁环境、气象环境、地理环境和多目标环境等构成。每一类型的战场环境产生原因各不相同,但都在不同程度上对信息化武器装备产生影响,进而影响整体作战。

（2）空间上充满战场，无处不在。各种气象、地理环境是战争发生的客观背景，各类目标根据战争需要部署在战场任何可能的地方，各类电磁信号则如同空气一样充斥于整个战场，这些因素作用于各种精确制导武器设备上，影响着精确制导武器效能的发挥。

复杂背景与干扰条件下的精确制导武器示意图

（3）时间上变幻多端，难以预测。现代战争是在各种气象、地理条件下展开的，其间充斥着大量人为控制产生的电磁信号，以及纷繁复杂的各种战场目标。因此，在不同的作战时间里，气象、地理条件可能因为各种原因发生变化，交战双方因作战目的不同，所产生的电磁信号数量、种类、密集程度以及战场各类目标部署也将随时间而变化，其变化的方式也难以预测。

（4）样式上数量繁杂，防不胜防。随着战争的持续，各种气象、地理条件会发生变化，形成多种多样的作战环境；战场上，交战双方从反侦察、反干扰、抗摧毁角度出发，越来越多地使用各种新体制雷达、通信、光电等设备，而且这些新型电子设备越来越多地采用更为复杂的信号样式；交战双方所面对的作战对象不仅是多目标，还有低空突防目标、隐身目标、高速大机动目标、假目标等。这一切都极大地影响着精确制导武器效能的发挥。

战场环境中精确制导武器进行敌我、真假和类型识别示意图

（二）没有经历"风雨"的精确制导武器难免"娇气"

从实战表现来看，有些精确制导武器并非像人们想象的那样神通广大、弹无虚发。在战场环境中，它的"眼睛"、"耳朵"甚至"大脑"都变得"娇气"起来：不能准确地获取战场信息，不能正确有效地作出决策，因而也不能准确攻击目标。"大侠"们行走在复杂的"江湖"中，也暴露出很多弱点。

1. 徒有虚名的"武林高手"

美军的制导武器代表了全球先进水平，当属江湖中的"顶尖高手"，然而在战场环境下的表现却让人不免感到有些"名不副实"。例如，美军在海湾战争后透露，海湾战争中，美军投放的精确制导武器由于电磁干扰，敌方伪装，云层、战场烟雾、灰尘、地形等自然条件的影响而导致命中率不到50%。

坦克部队释放烟幕遮蔽作战行动

2. 六亲不认的"江湖剑客"

一旦精确制导武器在战场上使用不当，它打起自己人来也是"毫不手软"。1991年海湾战争中，美军因误炸而死在自己人手中的达35人，占美军阵亡总数的24%。伊拉克战争中，伊军加强战场伪装，制造大量的假目标，利用天时地利，实施电子干扰和烟雾迷惑，有效地保存了许多重要装备，降低了美军精确制导武器的效能，并导致其误伤邻国。先后有多枚美国导弹落到了伊朗、沙特、土耳其等国家，甚至有的炸弹"六亲不认"，炸到自己或友军的头上。科索沃战争、阿富汗战争中，美军也多次出现误伤友军、炸死炸伤平民的事件。

二、观天地风云变幻
——复杂自然环境对精确制导武器的限制

战争讲究"天时、地利"。战区的地形地貌环境就是精确制导武器的"斗法地点"，气象环境有如"天候"，也制约着精确制导武器作战水平的发挥。

复杂地理指特定地域的地形、地貌、地物，主要要素包括山地、建筑、森林、岛屿、海洋等。复杂气象环境指作战空间内的各类气候现象，主要要素包括风、云、雨、雪、沙暴、雷电、太阳，以及温湿度、大气能见度等。

部队官兵知道打仗要懂得军事地形学、军事气象学，以克服复杂自然环境对作战指挥的影响。同样，复杂自然环境对精确制导武器的使用也有较大影响。

（一）地理环境对精确制导武器的影响

1. 海拔高度

海拔高度增加后，可能超出巡航导弹和空地导弹使用的最大高度，从而限制其使用的区域，无法实现全空域使用。另外，高海拔还带来低气压，对精确制导武器的弹体受力和部分器件的工作环境造成影响。

2. 地（海）杂波

拦截低空、慢速小目标时，精确制导武器发射的电磁波除照射到目标外，还照射到地（海）面。地（海）面反射产生强的杂波干扰如果进入精确制导武器接收机,就容易"淹没"目标的信号,导致目标丢失;而且,由于杂波在很多情况下与目标不易区分,很容易导致精确制导武器错误地跟踪杂波,反而丢掉了真正的"猎物"。

在地面上飞行的巡航导弹

在海面上飞行的巡航导弹

3. 地形景象

对采用"惯导+景象匹配"制导的导弹,当飞行末段区域的地形特征不显著时,匹配效率将受到严重影响,甚至导致末制导失败。

雷达景象匹配末制导的巡航导弹受地形影响

4. 多路径

地（海）面等背景会产生多路径效应，目标反射的信号一部分直接到达接收机，另一部分经过地（海）面反射后再到达接收机，形成镜像假目标（就像镜子中的影子一样），从而有可能会导致精确制导武器"看走眼"，错误地跟踪了镜像的假目标。

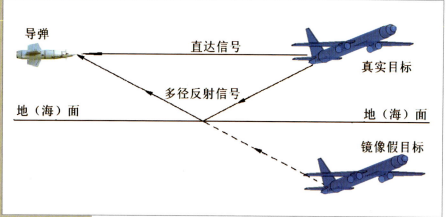

多径效应形成镜像假目标示意图

5. 岛岸背景

雷达导引头依靠目标反射雷达发射的电磁波实现对目标的监测和跟踪。由于岛岸、礁石、岛岸上的建筑物等均会对电磁波形成较强的反射，因此驻泊和靠岸舰船目标的电磁回波会混在岛岸背景中，导致雷达导引头很难从密集的电磁回波中辨别出舰船。

停泊在珍珠港内的若干舰只

停泊在港口的船只

（二）气象环境对精确制导武器的限制

1. 风

强风，尤其是强侧风的影响会使精确制导武器难以稳定飞行，使制导精度降低，特别是风标式激光制导炸弹，风的干扰会使其制导误差明显增大。

2. 云

云层内含有大量的水汽，会吸收和散射部分可见光、红外线和微波的传输能量，使导引头接收到的信号变弱，探测距离降低，甚至某些情形下制导武器会因云层遮挡而"失明"。对于红外弹，云层内气体分子剧烈运动，具有丰富的红外辐射能量，当和目标辐射量级相当时，会迷住红外制导武器的"双眼"，使其无法从自然背景中区分出目标。

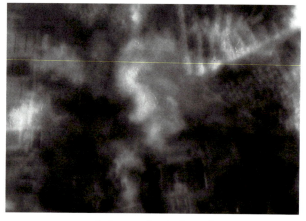

云对地面目标的遮挡作用

云层以下建筑物清晰可见

3. 雨

与云相似,雨水会衰减可见光、红外线和微波的传输能量,使导引头接收到的信号变弱,探测距离降低。同时雨也会对电磁波进行反射,产生虚假目标,对制导武器形成干扰。

(a) 地面无积水时图像清晰　(b) 地面存在积水时图像模糊

地面大面积积水引起景物变化对比示例

4. 雪

雪会改变地形地貌,使景象匹配制导武器不能获取匹配区或目标区景物特征而无法使用。当雪层太厚时,制导武器很难探测和识别大雪覆盖下的目标。

雪地背景下的装甲目标

5. 沙尘暴

精确制导武器装备并没有完全克服沙暴给其带来的影响。如伊拉克战争期间的沙暴天气,使联军的攻击行动陷于停顿,飞机的攻击架次明显减少，沙尘暴的出现直接影响了精确制导武器的使用。

恶劣的沙尘暴天气

6. 雷电

雷电会产生超高压电流，对制导武器上的电器设备产生影响，甚至毁坏。

雷电中飞行的巡航导弹想象图

7. 太阳光

太阳表面温度高达 7000℃，是强大的热辐射源，辐射频谱主要集中在紫外、红外与可见光等光学波段，其中 50% 的能量集中在红外波段。太阳光对雷达导引头无影响，但是对光学导引头的影响则非常显著。当我们正视太阳时，眼前只会是白茫茫的一片，什么也看不到，即便是侧视，强烈的阳光也会晃得人们睁不开眼。类似的，对光学制导导引头而言，在太阳没有进入其视场时,仅仅是一些太阳杂散光就能干扰导引头对目标的检测、识别和跟踪,而当阳光直射入导引头视场时,会造成导引头只能"看到白茫茫的一片",目标完全被太阳光所淹没,从而对光学制导武器作战效能和作战使用产生重大影响。

强烈的太阳光影响目标检测

三、猛虎架不住群狼
——作战对象给精确制导武器带来的挑战

现代战争是作战双方的体系对抗,是一个动态博弈的过程。俗话说:道高一尺,魔高一丈。精确制导武器有"神功",但打击的对象也非等闲之辈,它们也"功夫了得",发展了许多新技术、新战法。复杂多目标环境是精确制导武器所面临的一个突出难题,可谓猛虎架不住群狼,目标群中真假混杂,难于选择打击对象。另外精确制导武器的作战对象不仅是密集目标群,还有隐身目标、低空突防目标、高速大机动目标等。复杂目标环境(作战对象)给精确制导武器带来的挑战主要表现在以下几方面。

(一)难对付的编队目标与密集的真假目标群

战场环境中的多目标主要包括两种情况:一方面,精确制导武器的视野中确实存在多个真实目标,比如敌方对我实施饱和攻击——同时有大量目标向我袭来,又如制导武器视野中同时出现近距离格斗的交战双方;另一方面,精确制导武器面对的众多目标是真假目标的"鱼目混珠",比如弹道导弹突防时,采用释放与弹头外形、电磁特性相近的诱饵伴随弹头飞

"沙漠风暴"行动中的多目标环境

行，对防空反导系统构成了复杂的真假目标环境。要区分敌我目标、从众多目标中找出重点关注目标或辨别真假目标并有效地对其进行攻击，必然对当今精确制导武器的"眼睛"、"耳朵"和"大脑"提出了更高的要求。

航空母舰编队目标

1991年海湾战争中，伊军发现采取伪装措施对付美军精确制导武器有一定作用，靠伪装技术，得以保存三分之一的军队。伊军在部队的地下工事上面修建水池、放牧羊群，在机场跑道上用涂料画假弹坑，制作和设立了许多假飞机、假坦克、假火炮和假导弹及发射架，把机动的导弹发射架伪装成油罐车或冷藏车，取得了明显的伪装效果。据卫星侦察，美军在海湾战争中投放的精确制导弹药有很多命中的是假目标，后来美军也不得不承认，伊军的伪装骗过了不少精确制导武器的"耳目"。

战场上部署的假目标

（二）大量投入战场的隐身目标

现代无线电技术和雷达探测系统的迅猛发展，极大提高了远距离目标的搜索和跟踪能力，传统作战武器受到的威胁越来越严重。隐身技术作为提高武器系统生存、突防,尤其是纵深打击能力的有效手段,已经成为集陆、海、空、天、电磁五维一体的现代战场中最重要、最有效的突防手段,并受到世界各国的高度重视。隐身技术(又称为目标特征信号控制技术)是通过控制武器系统的信号特征,使其难以被发现、识别和跟踪的技术。针对探测系统的不同物理原理而言,隐身技术主要包括雷达隐身、红外隐身、声隐身和视频隐身等几个方面。其中,雷达隐身主要通过外形设计和涂覆吸波材料等技术实现;红外隐身主要通过降低发动机尾焰温度等技术实现。由于现代战争中雷达仍将是远距探测的有效手段,因此隐身技术的研究重点是控制目标的雷达特征信号,同时展开红外、

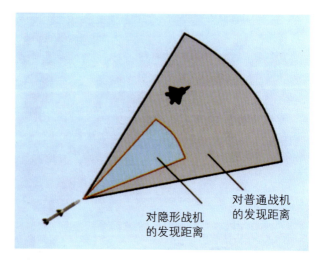

导引头对隐身和非隐身飞机的发现距离对比

声、视频等其他特征信号控制的研究工作，最后向多功能、高性能隐身的方向发展。

自美军1989年入侵巴拿马首次使用隐身飞机后，便引起了军界的广泛关注。隐身飞机在海湾战争的空袭中取得了惊人的战果。美军在海湾战争中，把隐身飞机作为空袭的急先锋，率先进入巴格达的防空区。整个战争中，40余架F-117A隐身飞机累计执行作战任务1270架次，仅为作战飞机出动总架次的2.7%，完成了预定任务的40%，却未损失一架隐身飞机。另外，除隐身战斗机、轰炸机外，其他隐身武器也将在现代战场中发挥越来越重要的作用。

美军隐身战斗机"夜鹰"F-117

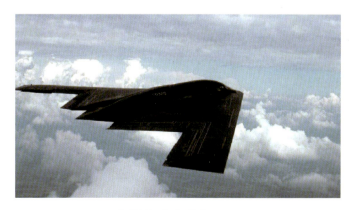

美军隐身轰炸机B-2

采取隐身措施的目标在中远距离很难被有效发现，这给精确制导武器的发展应用带来了严峻挑战。

美军科曼奇隐身武装直升机

瑞典维斯比级隐身战舰

（三）躲避探测的低空超低空突防目标

低空超低空突防攻击是现代战争中航空兵惯用的战术，是一种行之有效的突防战术手段。一般来说，航空兵器在空中距地（水）面100~1000m的高度飞行，称为低空飞行；距地（水）面低于100m的高度飞行，称为超低空飞行。

自从有地面雷达装置以来,航空兵器便通过低空、超低空飞行,躲进雷达的盲区,避开雷达的监视和跟踪,实现对预定目标的突防攻击。低空超低空突防给防空精确制导武器提出了严峻挑战。

执行低空、超低空飞行任务的战机

（四）摆脱拦截的高速大机动目标

随着航空发动机技术的发展和日益完善，飞行器具备了高速大机动能力。所谓大机动就是指运动物体在瞬时速度或者方向上的很大改

"眼镜蛇"机动动作

垂直机动飞行

变。无人机越来越多地出现在战场上,由于不受人体过载极限的限制,其机动能力远胜于有人驾驶的飞行器。对高速大机动目标进行跟踪和拦截一直是令防空精确制导武器"头疼"的难题。

高速大机动中的战机

四、看不见的新战场
——复杂电磁环境对精确制导武器的影响

武侠小说中高手较量的最高境界——"形不动,意先行!"顶尖高手在比武时,双方还未真正交手,内力的比拼就早已开始了。身形虽稳如泰山,内力带动的气场却已杀得你死我活，整个空间笼罩在无形却激烈的气场内，而内功占优的一方也往往就是比武的胜出者。现代信息化战争亦是如此，交战双方虽然还未开战，在情报搜集、电子侦察/反侦察等电磁领域的较量早已针锋相对地开展。

（一）"新的战场"：复杂电磁环境

无线电技术的发明和军事应用，使电磁环境成为战场环境新的组成部分，成为影响精确制导武器"怎样打"、"打的出"、"能突防"、"打得准"的重要因素。现代战场上涉及的电子信息设备有通信、光电、导航、雷达等多种电子设备。如此繁多的电磁力量在交战时，敌我双方都在有限的战场空间内展开电磁频谱使用权、控制权的较量，即掌握制电磁权。电磁战场的较量就像武侠小说中高手的内力比拼一样虽无形却激烈，从战争开始前到战争结束都笼罩着整个战场。而交战双方谁掌握了制电磁权，也就一定程度地掌握了精确制导武器的控制权，不论己方还是敌方的精确制导武器都会"乖乖听话"，某种意义上也就占据了战争的主动权。

海湾战争开始前，以美国为首的多国部队为探测伊拉克电子设备的工作频率和信号特征，调集了大量的电子侦察设备，其中有TR-A高

美军 EC-130 电子侦察机

空战术侦察机、EC-130、135 电子侦察机和 EH-60 "黑鹰" 电子侦察直升机，另有 5 颗电子侦察卫星及 39 个地面无线电监听站。

  美军使用这些设备和手段截获了伊拉克的无线电通信信息，并把截获的信息输入计算机进行分析，从而为制定进攻计划打下了基础。开战前几个小时，多国部队对伊拉克实施强烈的电子干扰，美国用高频、甚高频、超高频和特高频通信干扰机，发射与伊拉克电台工作频率相同但功率更大的噪声信号，使伊拉克的通信联络濒于中断，C^3I 系统受到严重干扰，甚至连广播电台也不能正常工作。战争中美国使用了 EF-IIIA、EA-6B 和 E-4G 高级 "野鼬鼠" 反雷达、电子战飞机共 50 多架，既能抛撒干扰箔条又能发射多频段的有源干扰信号，完成远距支援、护航和近距支援干扰，致使伊拉克的一些雷达迷盲，显示屏不是白花花一片，就是显示假目标，无法测出来袭飞机，从而使伊军的防空电子系统受到严重的软杀伤。同时，多国部队使用了 "哈姆" 高速反辐射导弹、"斯拉姆" 反雷达导弹，只要伊军雷达开机发射信号，就会被跟踪、摧毁，而不开机又无法引导各种防空武器，致使伊军防空部队陷于进退两难的境地。伊方防空、通信系统在多国部队 "软硬兼施" 的打击下基本上处于瘫痪，这为多国部队在战争中取得压倒性的胜利奠定了基础。

什么是复杂电磁环境呢？

> 复杂电磁环境：在一定的时空和频段范围内，多种电磁信号密集、拥挤、交叠，强度动态变化，对抗特征突出，对电子信息系统、信息化装备和信息化作战产生显著影响的电磁环境。

这里"一定的时空"是指运用信息化装备遂行作战任务的特定时间和空间，"一定的频段范围"是指遂行作战任务时所涉及的频率范围。"电磁信号密集、拥挤、交叠"是指多种信号在时域和频域相互覆盖，区分困难。"强度动态变化"是指电磁辐射强度在较大幅度范围内以较快速度变化，给信息化装备的使用带来不利影响。"对抗特征突出"则强调了敌方的恶意对抗性电磁辐射是电磁环境复杂化的根本因素。

（二）"军民共建"：形成复杂电磁环境的因素

1. 民用电子系统布满全世界

卫星、广播电视、民用移动通信、航空等40多种无线电业务，使无线电信号覆盖了全世

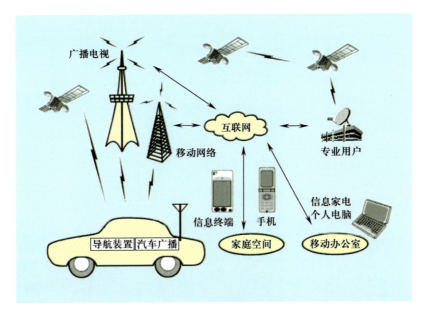

民用电子系统示意图

界各个角落。例如中国福建南平市，有各类无线电台（站）9654200多个。

2. 军用电子系统遍及军事各个领域

在信息化战争中，情报侦察、预警探测、通信、指挥控制、导航定位和武器制导等系统，几乎覆盖了电磁频谱的各个频段。例如，美军一个步兵师有70部雷达，2800部电台；俄罗斯一个摩步师有60部雷达和2040部电台。

在战场环境中，敌我双方激烈对抗条件下所产生的全频谱、多类型、高密度的电磁辐射信号是形成复杂电磁环境的最重要因素。美军现役的电子干扰设备有290多种型号，干扰频率范围从 0.5~20GHz（GHz——吉赫，Hz——赫兹，1s振动1次是1 Hz，$1GHz=10^9Hz$），干扰功率可达几百千瓦，脉冲峰值功率可达兆瓦级以上。海湾战争中，多国部队实施"白雪"行动，开通通信枢纽2500个，电台16200部，各种电磁辐射源几万个，战区电

各种军用电子系统示意图

磁信号密度高达 120~150 万个脉冲 /s，一开始就控制了"电磁权"。

总而言之，空域上电磁信号密集、多变，频域上电磁信号拥挤、重叠，非对抗性电磁信号对精确制导武器有较大的影响，对抗性电磁信号对精确制导武器会产生强烈干扰，所有这些因素构成了一个复杂的电磁环境。

（三）"盲、乱、错、偏"：电磁环境对精确制导武器的影响

随着现代科技的发展，精确制导武器体系正不断完善，这使得精确打击作战流程的各个

环节紧密相连，形成完整的打击体系。同时，复杂电磁环境对精确制导武器的影响已经渗透到了其作战使用的全过程，影响到了精确制导武器系统的每个环节，已经成为左右现代信息化战争进程的主要因素之一。

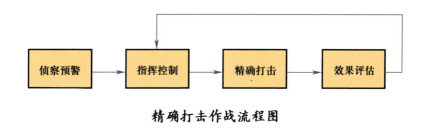

精确打击作战流程图

1. "生死较量"——对抗性电磁环境对精确制导武器的影响分析

目前先进的电子对抗装备可以干扰的频率范围为20MHz~40GHz（MHz——兆赫，$1MHz=10^6Hz$），基本覆盖了主要的通信和雷达工作频段，干扰功率高，作战距离远。

1966年6月29日，美空军第355联队的16架F-105"雷公"战斗机在EB-66电子战飞机的导航下，从泰国起飞，长途奔袭，扑向越南河内油库进行轰炸。美国战斗轰炸机编队一路隐蔽飞行，进入河内地区时，突然越南的高炮轰鸣，美机编队急忙作不规则机动，使自己不被炮瞄雷达轻易锁定。同时，最前方携带"野鼬鼠"电子战系统的"铁拳分队"，以及EB-66电子战飞机立刻释放强烈电子干扰，如同漫天"石灰"顷刻迷瞎越军炮瞄雷达以及导弹的制导雷达。机群安全逼近目标上空，EB-66电子战飞机还不断投放金属箔片，形成一条空中"箔条走廊"，保护后续机群；"野鼬鼠"电子战飞机不断搜索地面雷达波束，一旦发现，便施放强烈压制性杂波干扰或欺骗性干扰。这样一来，尽管越军的高炮和导弹火力很猛，但因雷达受到干扰，制导"乱了套"，所以炮弹和导弹

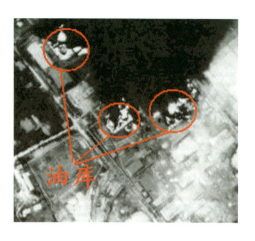

被炸毁的河内油库冒着滚滚浓烟

命中率很低,结果美军以一架飞机的代价,摧毁了河内油库90%的设施,这是美国在越南战场上最成功的一次空袭。

从上述的经典案例可以看出,电磁对抗干扰的常用样式包括:有源的压制干扰、欺骗式干扰和无源的遮蔽式干扰等。其干扰原理是通过强烈的噪声信号或者虚假的目标信号作用于精确制导武器的制导系统,使其无法获得目标信息或者只能获得虚假目标的信息,最终导致精确制导武器的攻击行动失败。

1)压制干扰

有源压制干扰是通过干扰机产生与被干扰雷达同频段、能量远大于目标信号的噪声信号,使得目标信号完全"淹没"于噪声之中,从而减小了雷达的探测距离,干扰严重时还会使雷达无法正常工作。下图显示了某合成孔径雷达在噪声压制干扰前后成像的结果,从图中可以看出在实施噪声压制干扰后,该雷达完全丧失了成像能力。

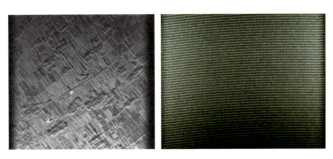

合成孔径雷达干扰前后成像对比图

又如,伊朗部署在波斯湾沿岸的某型防空系统,在与美军对峙期间,只要美国航空母舰上的电子对抗飞机一起飞,伊朗防空导弹搜索雷达显示屏上便一片雪白,完全丧失作战能力。

2)欺骗干扰

欺骗干扰通过产生虚假雷达回波形成假目标,欺骗精确制导武器错误

机载拖曳式有源诱饵诱骗来袭导弹示意图

地跟踪假目标，具有干扰针对性强、干扰效费比高的特点，是精确制导武器很难对抗的一种干扰方式。

比如，机载拖曳式有源诱饵由飞机用绳索牵引，与飞机相隔几十或上百米一起飞行，诱饵中的干扰发射机发出欺骗信号，使防空导弹偏离目标而飞向诱饵，或者飞向诱饵和目标之间的某个部位，从而有效地保护目标。

3）遮蔽干扰

遮蔽干扰是通过某些平台在需要保护的目标附近投掷大量的箔条、镀金属的玻璃丝等各类干扰物，形成一道走廊或屏障，使得对方侦察信号无法穿透，从而保护己方的飞机和舰船等目标。

在20世纪50年代末"布拉格之春"时期，

舰载箔条发射装置

舰船施放干扰

苏联入侵捷克斯洛伐克的军事行动中，通过投放箔条形成了一道干扰走廊，北约组织的预警雷达一片空白，由于缺乏可靠的情报，捷克斯洛伐克的各类防空装备几乎成了"摆设"。

2."无心所为"——作战区域内非对抗电磁环境对精确制导武器的影响分析

战场上敌我双方各类军、民用装备高密度分布，高强度使用。大量同频装备涌入有限作战空间，增加了同频装备间自扰、互扰的可能性。这种自扰、互扰主要体现在两个方面：一是同频干扰，作战区域内的同型雷达或工作频段接近的雷达装备，在工作时机和作用相同的情况下，其频谱分布也基本重合，此时相互之间产生干扰，导致雷达探测能力大幅度降低；二是电磁兼容问题，精确制导武器运行期间除了会遭受外界的电磁干扰外，在武器系统内部，大量的电子元件也在接收、发射电信号，必然会产生各种电磁干扰信号，引起电磁兼容问题。

马岛战争中，配有先进雷达警戒系统的英军"谢菲尔德"号驱逐舰被阿根廷战机发射的"飞鱼"反舰导弹击沉。

马岛战争发生的"飞鱼"狂吞巨舰的悲剧在伦敦引起一片哗然。事后调查表明,"谢菲尔德"号驱逐舰忽视了雷达警戒系统与卫星通信系统的电磁兼容,警戒雷达对卫星通信系统有严重干扰。当时"谢菲尔德"号为了与本土进行卫星通信,只能关闭警戒雷达,恰恰那时阿军发射了"飞鱼"导弹,"谢菲尔德"号来不及反应而被击沉。一枚价值20万美元的"飞鱼",趁着"老虎打瞌睡"的功夫,竟一举击沉价值两亿多美元的英国现代化驱逐舰,可见电磁兼容的重要性。

大名鼎鼎的"飞鱼"导弹

中弹后的英军"谢菲尔德"号驱逐舰

五、布阵斗法巧作为
——利用战场环境对抗敌方精确制导武器

通过上述分析，可以看到在复杂多变的战场环境中精确制导武器并不总是创造无坚不摧、弹无虚发的"神话"。一方面，科技人员和导弹武器部队的官兵要想方设法克服复杂作战环境带来的不利影响，用好手中的"矛"；另一方面，广大官兵在对付敌方精确制导武器时，也可以充分利用战场环境，给敌方设立重重障碍，形成我方的"盾"。

总体来说，对抗敌方精确制导武器的攻击，应针对其弱点，利用战场环境，在"迷、骗、扰、拦"上下工夫。

所谓"迷"就是利用复杂的气象和地理环境对精确制导武器进行有效的迷惑，降低其使用频率和攻击精度，提高被攻击目标的生存能力。在海湾战争中，伊拉克点燃了许多油井，造成一些目标区浓烟滚滚，致使多国部队发射的红外制导导弹命中率大大降低。越南战争中，为阻止美军轰炸

战场施放烟幕保护目标

河内安富发电厂,越南军队巧妙地在电厂周围上空施放了烟幕,结果使美军投放的数十枚精确制导炸弹无一命中电厂的关键部位。

所谓"骗"就是利用各种有源、无源的假目标对敌方的精确制导武器进行欺骗,有效地将精确制导武器引向假目标,从而保护真目标。海湾战争中,伊拉克就采取了伪装、隐蔽、欺骗的战略战术。伊军将大量重型武器装备都分

部署于战场的导弹和发射装置假目标

战机施放红外诱饵弹进行欺骗

散隐蔽到深山密林中、民用设施周围，同时制作了大量导弹和发射装置的假目标，并将这些假目标安放于野外阵地，有效地对付了多国部队先进的侦察系统和精确制导武器,大大提高了"飞毛腿"导弹的生存能力。

所谓"扰"就是利用复杂电磁环境,在可见光、红外线、微波、毫米波和激光等频段对敌方精确制导武器的探测装置进行有效的干扰,使其难以有效发现并跟踪目标,导致攻击的准

战场干扰环境下的对抗演习

"爱国者"导弹防御系统

确率下降,攻击威力减小。海湾战争中,美军"爱国者"导弹曾多次受到复杂电磁环境的干扰,在没有伊拉克军队导弹袭击的情况下盲目发射了拦截导弹。

所谓"拦"就是采用导弹、飞机或近程防御武器(如火炮系统),以及动能拦截弹、激光武器、高功率微波武器等多种手段对敌方已发射的精确制导武器进行拦截、摧毁,以保护被攻击目标。在第4次中东战争中,埃及用"图"-16飞机先后发射的25枚苏制"鲑鱼"空地导弹,有20枚被以色列飞机和地面防空火力击落。海湾战争中，伊拉克军队曾使用双35mm高射炮击落了2枚美军发射的"战斧"式巡航导弹。

埃及空军的"图"-16K机翼下面挂载的AS-5"鲑鱼"空地导弹

第三篇　精确制导武器运用

一、当好精确制导武器的主人
　　——战斗力三要素及战斗力生成的新认识
二、适应战场环境的对策与招数
　　——浅析技术体制，着重战术运用
三、典型案例剖析与启示
四、欲穷千里目，更上一层楼
　　——精确制导技术及武器应用全景图

一、当好精确制导武器的主人
——战斗力三要素及战斗力生成的新认识

（一）现代信息化战争的特点是体系对抗

体系以及体系对抗的概念是20世纪90年代中期提出来的。实际上，自从人类社会产生战争以来，军事对抗从来就是一种系统性的对抗，只不过在信息技术出现并大量应用于军事领域之前，军事对抗的系统性是低水平的。现代战争中，作战体系呈现出一种由战场信息网络连接在一起的高度整体化的特点。触动这个整体的任何一个部位，都将立即引起整个系统的某种反应。破坏这个整体的任何一个部位，都将立即影响其他部位乃至整个系统的正常运转。恰似武侠大师在练功时讲究经脉贯通、全身穴位浑然一体，方可产生非凡的战斗力；又如《神雕侠侣》中杨过的"黯然销魂掌"，全身处处都极具杀伤力。但是倘若练功不精，在与高手对决中一旦一处受制于人，必将处处受制于人，正所谓"牵一发而动全身"。例如，缺少精确地形数据支持的巡航导弹，其作用很可能还赶不上一门普通的远程火炮。目前美军

已经建立了比较完整的适应现代战争的信息化武器装备体系,主要体现在:

(1)空间立体网格化分布。各种功能的武器平台分布在地面、空中、空间、海面和水下,且随时间动态变化,如卫星绕地球有规律地旋转、打击火力系统随作战任务的需要而运动、精确制导武器远程飞行等。武器体系各子系统之间通过各种有线和无线通信链路连接,形成有机的网络化武器系统。

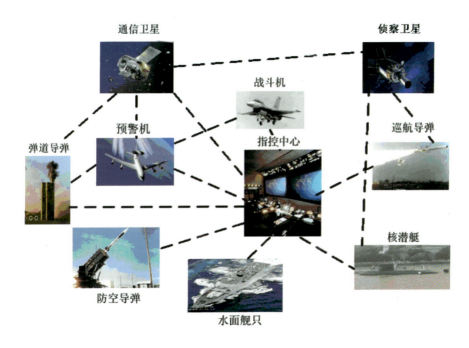

精确打击武器体系结构示意图

(2)体系功能完整。武器系统由功能各异、相互协调、相互支持的单元组成,形成了一个完整的作战功能体,如侦察预警系统负责提供及时精确的战场目标信息,通信指挥系统负责完成信息的传输和决策支持,精确打击火力系统负责完成精确打击任务,各单元通过协同的作战行动完成总体作战任务。

美军海空一体化联合作战

　　精确打击是信息化战争条件下的主要打击方式，也是整个信息作战过程中的重要环节，而信息获取和利用则是体系对抗的核心。

（二）作战官兵在精确打击作战体系中占据主体地位

　　从作战角度考虑，精确打击作战体系应包括四大要素：精确制导武器、信息支持系统、指挥控制系统和作战官兵。

　　作战官兵是精确制导武器的主人，也是精确打击体系中起决定性作用的因素。广大官兵除了要会按照使用手册操作装备外，还

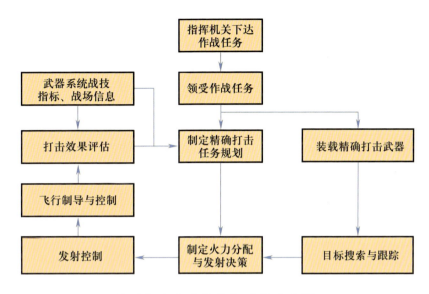

精确打击武器的作战过程示意图

必须懂得精确制导武器的工作原理和应用特点,以及战场环境给武器带来的影响。

在精确打击武器作战过程中,作战官兵在"制定精确打击任务规划"、"装载精确打击武器"、"制定火力分配与发射决策"、"发射控制"等作战过程的核心环节中发挥着决定性的作用。信息化战争条件下,军事对抗很大程度上是一种知识和技术的较量,交战双方人员在科学文化和技能上的差距,将使武器装备在战争中发挥的作用大相径庭,从而对战斗力的生成产生巨大的影响。

(三)科技练兵,创新战法,提高战斗力

从近年国际上的几次局部战争看,精确制导武器已成为主战兵器。精确制导武器是典型的信息化装备,习近平同志指出"装备现代化的核心是信息化",指示军队"能打仗,打胜仗"。关于军队战斗力要素及战斗力生成,中央军委有过明确的论述:

精确制导武器技术应用向导

Precision Guidance

> "军队战斗力由人、武器以及人和武器的结合方式三个基本要素组成。科学技术特别是信息技术为主要标志的高新技术的迅猛发展及其在军事领域的广泛应用，深刻改变着战斗力要素的内涵，从而深刻地改变着战斗力生成模式。信息能力在战斗力生成中起着主导作用，信息化武器装备成为战斗力的关键物质因素，基于信息系统的体系作战能力成为战斗力的基本形态，人的科技素质在战斗力中具有特别重要的意义。"

中央军委的论述非常深刻，对国防和军队建设具有重要的指导意义。为了不辱使命，必须依靠科学技术加快转变战斗力生成模式。

一方面，在信息化战争时代，人的一部分智慧和能力物化到了技术装备上，人与技术装备从相结合到相融合，信息化、智能化武器装备的地位和作用越来越突显。另一方面，信息化战争仍是人的博弈，人的主体地位并没有动摇。人是战争的决定性因素，最终决定战争胜负的是人而不是物。人是战争中武器装备的使用者、作战方法的创造者、军事行动的实践者，人的素质和精神状态，对战斗力的形成和发挥具有重要的影响。具备信息素质的新型军事人才将发挥越来越重要的决定性作用。

对于广大官兵,尤其是各级指挥员而言,不仅要掌握新的技术技能,还应当研究、创造新的战术战法,提高信息化条件下的指挥能力和驾驭战争的本领。

二、适应战场环境的对策与招数
——浅析技术体制,着重战术运用

复杂的作战环境给精确制导武器的应用带来了很大的挑战,传统的"武林高手"在纷繁复杂的"江湖"中遇到了重重困难。然而"迎难而上"也正是"武林高手"的特质所在,如今针对战场环境的变化,军事科技人员和作战官兵必须在技术战术上有所作为,有所突破。

(一)技术战术设计及应用上的几种应对措施

1. 摆脱压制干扰

有源压制干扰机的发射功率毕竟有限,且只能覆盖一定的频率范围。当发现雷达当前使用的频率被干扰后,应马上将工作频率切换到一个新的、没有被压制的频率点上,摆脱敌方压制干扰。

美国 EA-6B(左)和 EA-18G(右)电子战飞机

2. 识别欺骗干扰

由于欺骗干扰是通过干扰机发射虚假目标信号来干扰导引头的，真目标和假目标回波信号在某些特征上会存在这样或那样的差别，由此可以通过智能识别软件技术实现真假目标的鉴别。此外，还可以采用多模复合制导技术，弥补单一制导模式下目标适应性、抗干扰等方面的缺陷，有效发挥多种制导模式的特长。例如，采用微波/激光复合制导体制，在微波频段受到干扰后，可继续利用激光制导信息对目标进行拦截。

舷外有源干扰浮体

红外诱饵弹

美军"不死鸟"空空导弹

在海湾战争中,美军"不死鸟"空空导弹披挂上阵。由于它采用复合制导方式,初始段为惯性制导,中段为半主动雷达寻的制导,末段为主动雷达多普勒寻的制导,基本克服了伊拉克的各种干扰诱骗措施,命中精度高,多次击落伊军战机,为美军夺取战争主动权立下汗马功劳。

3.对付遮蔽干扰

对箔条等遮蔽干扰的反射特性进行认真分析,同时对敌方释放遮蔽干扰的战术、战法进行研究,开展针对性的对抗措施研究。同时可以像应对欺骗干扰那样采用多模复合制导技术,增强精确制导武器抗遮蔽干扰的能力。

舰船发射箔条弹

爆炸形成中的箔条云

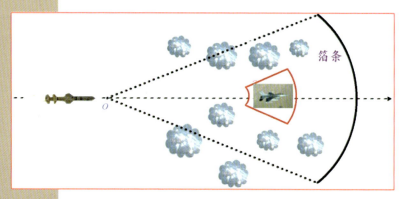

箔条干扰示意图

采用多模复合制导技术的 JDAM 制导炸弹

4. 规避非对抗电磁干扰

对战场电磁频谱进行战前规划，对复杂环境进行定量分析，另外武器装备设计时要进行精心的电磁兼容设计和实验，努力确保不出现"互扰"、"自扰"现象。

经过电磁兼容设计的防空综合系统

5. 克服"云、雨、雪"等气象环境的影响

在云、雨、雪等天气条件下导引头探测距离变近，对精确制导武器的使用造成一定影响。这个问题是由于电磁波衰减或光学探测器被遮挡形成的，目前还无法彻底解决，更需要广大官兵提高自身的战术素养，合理利用各种气象条件，选择发射精确制导武器的最佳时机和方式。

晴天观测，图像清晰

薄雾条件下观测，图像对比度降低

浓雾条件下观测，图像模糊不清

6. 躲避太阳光的干扰

由于光学制导武器对太阳光的干扰非常敏感，因此广大官兵要严格按照武器装备使用手册的说明进行操作，切不可强行逆光发射，"浪费弹药"。

7. 应对地理环境带来的挑战

首先，技术人员应对导引头的信号处理算法进行改进，利用背景的多路径反射信号一般落后于目标反射信号的特点，可采用前沿跟踪技术。其次，武器操作人员战前对攻击目标区域的景象要进行高精度测量，对弹道进行科学合理规划，对导弹进行参数装订，克服地形景象特征不显著或空天背景单调等问题。再次，单一体制导引头适应现代战场的能力不强，可以采用复合制导的武器，增加辅助信息，提高命中概率。

8. 区分复杂多目标

提高精确制导武器分辨率，获取更多的目标特征，进而对多目标进行分辨、识别，认清敌我，分清主次。

成功区分真假目标的美国"萨德"雷达

（二）"知彼知己"，"知天知地"：作训中要做足的功课

广大官兵除了要懂得精确制导武器适应复杂作战环境的技术手段外，更要下工夫研究各种战术应用，从而充分发挥精确制导武器的作战性能。《孙子兵法》书中说："知彼知己，百战不殆；知地知天，胜乃可全。"这就是说：在战争中，对敌我双方、战场环境、战争特点的充分把握是克

敌制胜的法宝。因此我们提高精确制导武器适应战场环境的能力，必须建立在知彼知己、知天知地的基础之上。

1. "知彼"是精确制导武器适应复杂作战环境的关键

所谓知彼不仅是对敌方各类目标特性有充分的了解，还包括对敌方可能使用的光电、射频干扰和诱饵特性及其工作方式有尽可能透彻的了解。要做到知彼，作战部队官兵应"抓敌特征，察敌虚实，击敌要害，因敌制胜"，做好以下几个方面的准备：

（1）"洞若观火、心中有数"——深入了解敌方目标特性，提高使用精确制导武器的针对性。广大官兵需要熟记战场环境下各类目标的特征，在心中建立系统全面的目标"数据库"，做到心中有数，提高使用精确制导武器的针对性。

（2）"有的放矢，去伪存真"——加强敌情分析，科学使用武器。在现代化战争中，软硬杀伤武器同时出现在战场空间，攻防武器种类日益增多、性能不断提高，干扰／抗干扰方式也随之不断丰富。战前需要对敌方的侦测能力、电磁干扰、光电干扰等进行认真研究，在此基础上才能科学合理地使用精确制导武器,才能在纷繁复杂的干扰环境、真假目标混杂的战场中做到"有的放矢"。

精确制导武器准确捕获目标示意图

(3)"目标选择,切中要害"——提高作战效能,鼓舞战斗士气。

精确制导武器的造价比一般的常规兵器昂贵,这就决定了精确制导武器在作战中的使用是有限的,对所要打击的目标需要有所选择。在海湾战争中,多国部队以导弹、战机空袭方式为主,重点打击伊拉克的主要目标有:26个重要指挥机构,如总统府、国防部、空军司令部、南部军区司令部等;75%的地面作战指挥系统和95%的雷达站等;48个"萨姆"-2和"萨姆"-3固定防空导弹阵地;2座核反应堆;11个化学武器储存库;38个机场和68个飞机掩体;重要后勤补给基地和铁路、公路、桥梁等交通目标。

巴格达机场

伊拉克总统府被一枚导弹击中

"萨姆"-2防空导弹阵地

"萨姆"-3防空导弹阵地

在袭击中，伊军丧失了150架作战飞机、57艘作战舰艇、3700多辆坦克、2000余辆装甲车以及2000多门火炮。可见，在作战中正确选择导弹武器去打击敌方目标，对于大幅度削弱敌作战实力，促使战局出现利于己方的优势，具有重要意义。

2."知己"是精确制导武器应对复杂作战环境的根本

所谓"知己"包括对我方武器本身的战术战法、技术指标和限制因素等方面的充分了解，并在此基础上扬长避短，发挥我方优势。"知己"是战争胜利的根本，只有立足我方现实才能科学合理地指导部队建设，发明有效的战术战法，提高武器系统的作战效能，才能在未来战争中创造属于我军精确制导武器的辉煌。要做好"知己"，广大官兵要加强"自身修炼"，创造"必杀绝招"。

中国"东风"-31型洲际战略导弹亮相

1）"以人为本，加强管理"——加强部队管理建设，提高精确制导武器操作人员素质

首先，官兵在使用精确制导武器过程中，除了按照装备使用手册会操作、使用和保养维护武器装备外，还要充分了解我军精确制导武器装备发展现状，懂得精确制导武器的工作原

理，做到知其然，知其所以然。这样才能在训练和作战中做到我们常说的"三熟悉、四会"，促进官兵最大限度地发挥精确制导武器装备的作战效能，以在未来战争中立于不败之地。

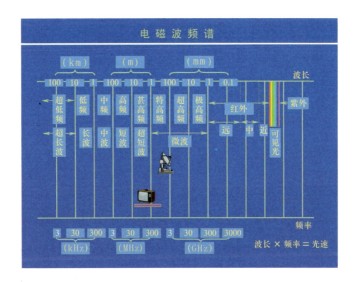

电磁波频谱分布图

其次，各级指挥员要从体系建设高度加强频谱管理。平时，重点规划好不同用频设备的频段划分；战时，还涉及到有限空间和频段内不同用频设备的合理分布和合理使用，坚决杜绝类似英阿马岛战争中"谢菲尔德"号悲剧的发生。同时，对于电子装备的常用频率、战时频率以及隐蔽频率的使用要严格管理，减小被敌侦察、截获的可能。

 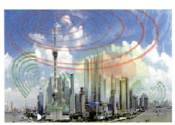

电磁兼容屏蔽测试　　电磁频谱规划管理示意图

2）"胸有成竹，有备无患"——做好战场环境下的任务规划

任务规划系统为精确制导武器系统制定出符合其技术特性和作战程序的任务计划，以引导任务实施，是将信息优势与决策优势转化为兵器的火力优势的重要环节。

利用任务规划系统生成任务计划示意图

做好任务规划必须做到以下几点：

（1）综合考虑目标特性以及武器性能，确

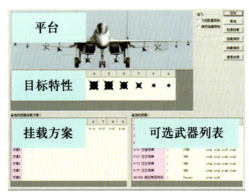

配置目标特性及武器系统示意图

定对敌方目标达到既定毁伤效果所需的最优武器类型和数量。

（2）根据攻击战术战法，确定在一个目标区域内武器应采取的战术动作序列。

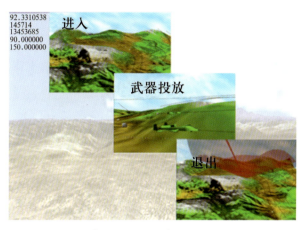

确定武器战术动作序列示意图

（3）协调参战武器的作战空域、打击目标序列、行动时间和方式。

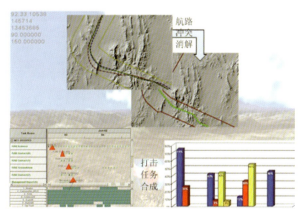

利用任务规划软件协调各参战武器示意图

（4）通过可视化，使战斗员熟悉作战过程及战场环境，发现并矫正可能存在的问题。

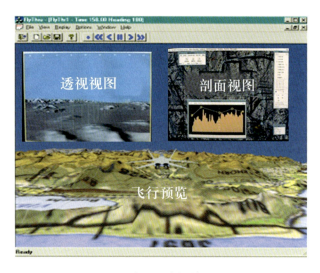

可视化任务规划软件示意图

（5）输出完成任务所需的材料，引导任务顺利执行。

任务材料输出示意图

3）"作战部署，因地分散"——适应战场、保存自己，出其不意、打击敌人

现代高技术战争条件下，交战双方为了迅

速夺取战场上的主动权,以达速战、速决、速胜的目的,都在竭力用自己的高技术兵器对敌方实施精确打击。与之同时,都把己方的精确制导武器列为保护的重点,如大多采用在己方的战役纵深和腹地进行疏散、隐蔽配置。

俄罗斯SS-24铁路机动发射弹道导弹

导弹部队的指挥机构和指挥员,会根据敌情、地形和本部担负的作战使命,精心确定所属战役战术导弹部队的部署,从而为有效地保存自己、出其不意地打击敌人创造条件。伊拉克的"飞毛腿"导弹大部分采用机动发射的方式,经常变换发射地点,使多国部队难以判定其精确的位置,而无法全部摧毁其导弹发射架。此外,伊军在对沙特、以色列和多国部队的导弹突击中,很少采取导弹齐射的战术,而大都是分散地发起攻击,使对方防不胜防,精神一直处于高度紧张。

多国部队也在开战的初期,分别从9艘舰艇上向伊军的防空体系发射了52枚"战斧"巡航导弹,一举摧垮了伊军大部分防空系统,使多国部队既达到在分散攻击中隐蔽自己的目的,又为下一步即将实施的大规模空袭作战创造了一个安全的战场环境。

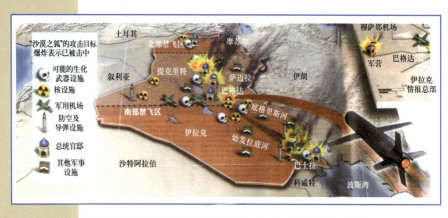

"战斧"巡航导弹在伊战空袭中发挥巨大作用

4)"集零为整,众志成城"——优化现有装备使用模式,构成有机的整体,相互支持,取长补短

"集零为整"首先要做到信息共享。精确制导武器系统的核心优势是能对战场信息进行获取和处理判断。在战场环境中,一方面可以利用不同类型的探测器对战场目标进行感知探测;另一方面可以用相同的探测器在异地(双/多基地)对目标进行探测。通过不同类型、不同地点探测器的信息共享,才能确保战场信息的准确可靠,使精确制导武器系统充分发挥作用。如下图所示,使陆基、舰载和机载目标探测系统、指挥控制系统以及通信系统互相配合,通过信息共享将战场指挥、控制、通信、情报以及攻击和评估连成一个整体,从而对作战的空间、时间、进程进行有效控制。

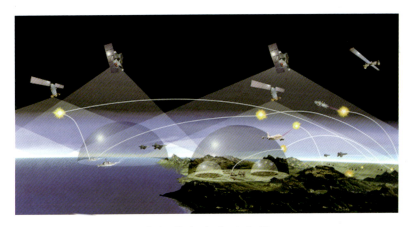

战场信息共享示意图

"集零为整"其次要实现体系作战。未来作战将是系统或体系的对抗,而不是单打独斗。为此,从提高战场适应性的角度将不同平台、不同特点的精确制导武器组成"编队",形成合力,以达到突破敌方防御之目的。比如,精确制导武器编队中除了有实施火力攻击单元外,还有专门负责侦察、干扰的单元,用于对火力攻击单元予以支援;另外侦察单元可以兼作编队的"协调指挥官",协调各单元统一行动;必要时,侦察单元或干扰单元可以作为诱饵牺牲自己。因此精确制导武器应当按照不同制导方式和不同功能的作战需求系列化发展,并按照编队作战单元装备部队。

协同作战的航母战斗群

美航母舰载机编队

5)"处处自省,时时自查"——科学合理评估战场环境下精确制导武器使用性能

战场的电磁环境、气象以及地形地貌等自然环境影响精确制导武器的作战使用。因此必

伊拉克战争中美军精确制导武器打击效果评估图

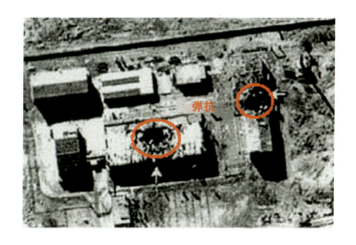

"沙漠之狐"行动中美军打击效果评估图

须结合精确制导武器工作原理,深入分析复杂战场背景下的精确制导武器性能表现。在此基础上,定性和定量评估精确制导武器的使用性能,为作战运用提供参考。

6)"敌变我变,创新战法"——立足现有条件实现战法创新

在作战使用中必须充分发挥人的优势因素,立足现有条件,结合战场情况,创造新战法,提高战斗力。

击落 U-2 高空侦察机的"红旗"系列地空导弹

1962年9月9日，中国人民解放军空军地空导弹部队第一次击落美制台军U-2高空侦察机后，U-2再次侵入我领空时就像一只受了惊的兔子，稍有动静便立即掉头逃窜，致使我地空导弹部队连续三次错失目标。针对上述情况，我军发明了"近快战法"：一是尽量把目标"放"进来，放弃以前打击入侵目标为主的战法，而是以打击回窜目标为主；二是压缩操作时间，

美军U-2高空侦察机

被我军击毁的美制 U-2 侦察机残骸

把原来 6min 做完的动作压缩到开天线后 8s 完成。在该战法的指导下，1963 年 11 月 1 日 14 时 18 分我军一枚地空导弹再一次击落 U-2 侦察机，震惊世界。真可谓"敌变我变创造战法，东方神剑再立新功！"

7)"加强演练，注重总结"——在演练中不断检验战法和装备

创新战法不止是"纸上谈兵"，同时我们还要加强对战术战法的演练，力求贴近实战。不能把新的武器装备陈列在仓库，也不要将好的战术战法藏进象牙塔里。而且我们还要注重做好训练的总结工作，为修订或创新战术战法积累资料，提升技、战术水平。在科索沃、阿富汗、伊拉克等局部战争中，美军将每一场战争作为一次新武器装备和新战术战法的演练场。这些战争的持续时间只有几十天或几个月，但战后美军的总结工作却持续了几年时间。

3. "知天知地"是精确制导武器适应战场环境的重要保障

所谓知天知地主要是战前充分搜集战场地理空间信息，了解作战地区的气象信息。

气象对导弹部队作战有重要影响，从导弹部队的机动、技术准备、发射实施到导弹的飞行、弹头再入大气层、毁伤的效果等，都会受到气象条件的制约和影响。指挥官应对获得中短期天气预报提出具体要求，在发射导弹的实施阶段，应督促气象分队随时预报天气情况。

地形测绘工作是保证导弹准确命中目标的重要保障。不同型号的导弹，其测绘工作的任务和对精度的要求是不完全一样的。导弹射程越远，测量误差对导弹命中精度的影响就越大，测绘的工作量就越多，测量的精度要求也就越高。在战前，测绘分队根据上级提供的有关瞄准点的情况展开测地工作。指挥官应了解测绘工作的任务和手段，熟悉他们完成测绘工作的基本方法，组织和保障好他们开展现场作业，明确测绘分队与导弹发射分队的协同内容、协同方式和协同时机事宜，还要制定出在特殊情况下展开测绘工作的方法，组织对测量成果的检查、复核、验收和传递交换。

综上所述，只有知己知彼、知天知地，"武林"官兵才能有针对性地采取应对措施，做到"随机应变"、"见招拆招",进而在现代战争中立于不败之地。

三、典型案例剖析与启示

(一)精确制导武器在复杂电磁环境中使用的案例

1. 典型案例

◆ 案例1:科索沃战争,攻防一边倒

1999年科索沃战争,获悉南联盟军队装备有一定数量的第三代防空导弹,北约在开战之前于波利冈电子靶场进行了有针对性的电子战演习。

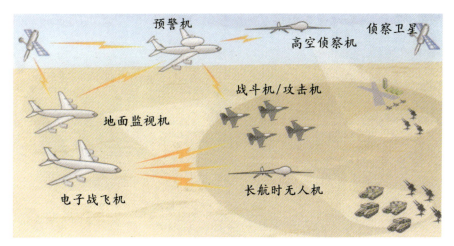

北约电子战演习示意图

战争中,北约充分实施了多方式、多频段的电磁干扰措施并收到了丰硕战果。在79天的空袭与反空袭中,北约共出动飞机36000架次,南斯拉夫防空系统对此共发射了800多枚防空导弹,但仅击落两架北约战机。

◆ 案例2:"贝卡谷地",长剑尽折

第五次中东战争初期,以色列为了夺取制空权,决定对叙利亚设在贝卡谷地的导弹基地进行袭击，以消灭其防空力量。叙利亚在贝卡谷地部署了苏式"萨姆"-6防空导弹，这种导弹在第四次中东战争中出尽风头，一大批以军飞机被其击落。以色列深知"萨姆"-6的厉害，战前以当局进行了大量准备，组织研究人员，对"萨姆"-6进行分析研究，终于找到了对策。

1982年6月9日，以色列派出了96架F-15、F-16战斗机进行掩护，在E2-C预警飞机的指挥下，用F-4、A-4型飞机对贝卡谷地导弹基地实施大规模轰炸。

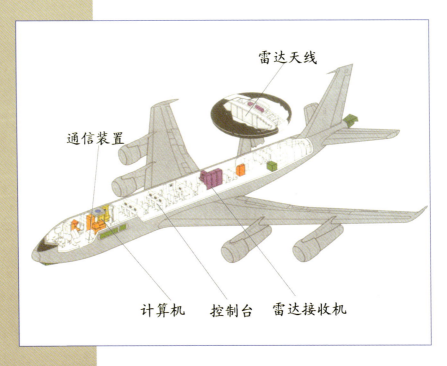

预警机内部结构示意图

在轰炸过程中,以色列利用"萨姆"-6抗干扰性能差,对贝卡谷地区域实施了强电子干扰,并以欺骗干扰对付叙军雷达制导导弹,以红外曳光弹干扰叙军红外制导导弹。

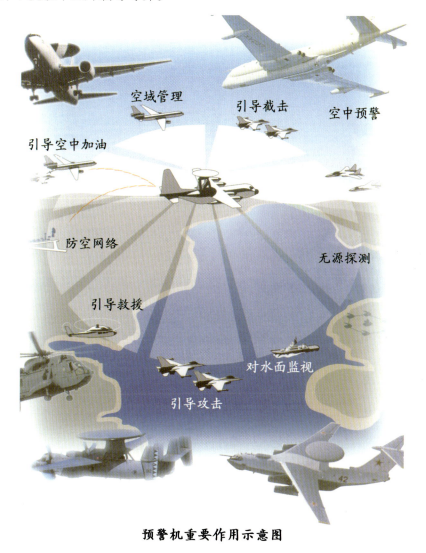

预警机重要作用示意图

尽管叙利亚空军也从全国各地紧急出动60余架米格21和米格23战斗机与之对阵,防空导弹面对敌机密布的上空一起发射。但在强大的电子干扰环境下,叙利亚飞机起飞后就与地面失去联络,防空导弹发射后便失去了控制，叙军始终陷入被动挨打的地位。仅6min，叙军20个"萨姆"-2、"萨姆"-3、"萨姆"-6防空导弹营中的19个全部被摧毁，叙利亚的先进防空导弹阵地毁于一旦。

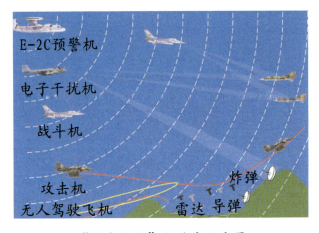

"贝卡谷地"电子战示意图

◆ **案例3："冥河"陨落**

1967年第三次中东战争中，埃及海军快艇发射的苏制"冥河"反舰导弹，一举击沉以色列"埃拉特"号驱逐舰，开创了现代导弹海战新纪元，成为近代海战史上的重大事件。

"冥河"反舰导弹

然而时隔仅 6 年之后的第四次中东战争中,由于以军使用箔条干扰,埃及、叙利亚海军发射的 50 枚"冥河"导弹竟无一命中。

箔条弹发射装置

◆ **案例 4:摧毁杜梅大桥**

1972 年 5 月 10 日 8 时,8 架 F-4 "鬼怪"式飞机披挂上阵,27min 后 16 架挂着新式激光制导炸弹和电视制导炸弹的 F-4 飞机也起飞了,15 架从泰国起飞的美国 F-105 飞机也赶到了。它们按照事先研究好的战术,朝越南杜梅大桥方向飞去。越南防空预警雷达发出警报,河内顿时一片紧张气氛,所有防空设施都迅速进入战斗状态。美军的 8 架 F-4 "鬼怪"战斗机进入预定空域后就从高空投下箔条干扰丝,形成一条"干扰走廊"。

美国 F-4 "鬼怪"战斗机　　美国 F-105 "雷公"战斗机

10min 后，4 架 EB-66 电子干扰机，盘旋在大桥上空，发射强烈电磁干扰，使得越南防空部队的警戒雷达、炮瞄雷达、导弹制导雷达的荧光屏上布满密密麻麻的雪花，什么也看不到。在电子干扰的掩护下，美军战机一次次地扑向大桥，投下激光制导炸弹和电视制导炸弹。号称摧不垮的大桥就这样被美军十几枚制导炸弹炸毁了，而越南防空部队盲目发射的数十枚导弹竟一枚也没有命中美国飞机。

2. 剖析原因

战场上敌方释放的高强度压制干扰、逼真的虚假目标欺骗干扰和箔条走廊遮蔽干扰以及由于电磁兼容问题带来的自扰、互扰等因素形成的复杂电磁环境，导致精确制导武器无法正常工作。

3. 启示

技术体制上：现代战争很多是以强大的电子战拉开战幕的。电子战武器在侦察、干扰、隐身以及摧毁等各方面大显神通，成为重要的"软杀伤"武器。

（1）有源压制干扰频带越来越宽，基本覆盖了雷达的工作频率范围；

（2）欺骗式干扰样式越来越复杂，真假目标难以区分；

(3) 无源的遮蔽式干扰使雷达探测能力大幅下降；

(4) 作战区域内同频装备间的自扰、互扰使精确制导武器难以发挥应有作用；

(5) 单一的制导体制较难适应当今复杂的电磁环境。

美国 EA-18G 电子战飞机布置的机载干扰设备

战术应用上：第一，广大官兵要做好战前规划，避免己方雷达的同频干扰，尽量使作战区域内的电磁环境背景简单；第二，要充分利用多种传感器信息，如雷达、红外、复合型等体制传感器，实现在复杂电磁环境下，对目标进行有效的探测、识别和跟踪；第三，还要采取各种措施，大力提高精确制导武器系统的生存能力，避免出现类似"贝卡谷地"战役中叙利亚近 20 个防空导弹营被一举摧毁的情况。

（二）精确制导武器在复杂地理环境中使用的案例

1. 典型案例

◆ 案例5：地形景象与假目标影响

海湾战争中，伊拉克为防止美国"战斧"巡航导弹的攻击，在未遭破坏的机场跑道上涂画假弹坑。伊军还构筑假阵地，包括一些假的"萨姆"地空导弹和"蚕"式地空导弹，并在假目标旁焚烧轮胎，制造热效应。

伊拉克在假目标旁焚烧轮胎，制造热效应

在伊拉克战争中，伊军焚烧大量石油产生黑烟，以阻止入侵者。伊拉克这些对地形地貌的改变措施，消耗了美军大量的弹药，大大延

伊拉克点燃了装满石油的壕沟

长了空袭时间，并保存了相当的军事实力。这些举动用于对付精确制导武器，具有一定的借鉴意义。

伊拉克首都巴格达卫星照片
（图中的黑烟由焚烧中的石油所产生）

◆ **案例6：防空导弹实弹打靶训练**

在防空导弹实弹打靶训练中，由于拦截的是低空、慢速小目标，防空导弹导引头发射的电磁波除照射到目标外，还照射到地面。较强的地杂波干扰进入导引头接收机，淹没了目标信号，导致导引头丢失目标，跟踪杂波，未能击中靶机。

2. 剖析原因

地理环境会影响匹配制导，布置假目标会骗过一些光学传感器，同时地（水）面反射产生强的杂波干扰会影响雷达制导武器对目标的检测、识别与跟踪，严重时导致目标丢失。

3. 启示

技术体制上：地理环境对精确制导武器系统发现、跟踪、识别目标仍然产生很大的影响，而世界各地的地形地貌各不相同，这就需要在平时加强收集各类地理环境资料，建立数据库，为精确制导武器的使用做好技术准备；同时，我们要进一步提高精确制导武器系统在抗杂波干扰和识别伪装方面的能力，扩大精确制导武器使用范围。

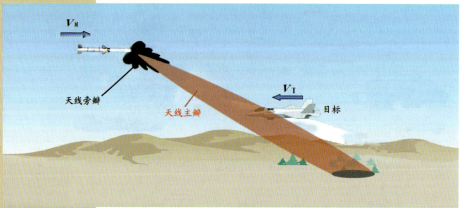

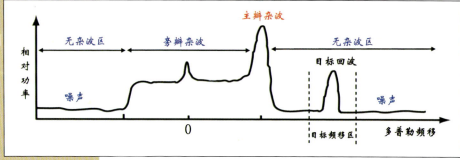

空地导弹低空下视情况下地杂波分布图

战术应用上：一方面，每种制导体制都有其优势与劣势，广大官兵要加强对各种制导体制和应用特点的学习研究，面对复杂地理环境科学合理应用精确制导武器，实现优势互补；

另一方面,可以看到一些传统的手段,如隐蔽、伪装、机动、疏散等在对抗精确制导武器中仍然能够发挥巨大的作用。

(三)精确制导武器在复杂气象环境中使用的案例

1. 典型案例

◆ **案例 7:美国与利比亚的亚锡拉湾空战**

美国与利比亚的亚锡拉湾空战中,美国 F-18 飞行员根据利比亚战机只有苏制红外导弹的特点,在被尾追的条件下,对着太阳方向飞行,以躲避利比亚战机红外导弹的攻击并机动摆脱,最终发射雷达制导的空空导弹将利比亚飞机击落。

美军 F-18 战斗机

◆ **案例 8:恶劣气象环境,制约导弹使用**

在美军对南联盟的军事行动中,在 70% 的作战时间里,由于 50% 的地区都被云雾所覆盖,因而激光制导武器的使用大大受限,使用的比例仅占所有制导武器的4.3%。在阿富汗战争中,同样由于阿境内频起沙尘暴且经常天气不好,也大大影响了美军精确制导武器的使用。

阿富汗境内的沙尘暴天气

迷失在沙尘暴中的美军

◆ **案例9:光学精确制导武器的"软肋"**

美军红外制导的"陶"式反坦克导弹在良好天气下命中精度为81%,在不良天气下只有40%。沙尘天气会使大气能见度变差,在这种气象条件下,激光制导炸弹的作用距离只有晴朗天气下的1/12,命中概率也降至20%~30%。由于天气原因,海湾战争期间一些可见光制导导弹和激光制导炸弹无法使用。科索沃战场经常遭遇阴云密布、风雨交加的天气,使北约战机无法捕获目标而返航。战场烟雾同样会降低一些精确制导武器探测、识别目标的概率,降低命中精度,甚至使其无法使用。

"陶"式反坦克导弹

2. 剖析原因

烟雾、云、雨粒子等介质会吸收和散射可见光、红外线和电磁波辐射,遮挡其传输,衰减其能量,使得精确制导武器很难探测到目标。特别是光学制导武器作战使用时依赖阳光,需要根据目标与背景对阳光反射的光能对比度来探测、识别目标。天气晴朗、能见度好,作用距离就远,否则就近;而且强烈的太阳光一旦进入光学视场,就形成了强大的干扰,使红外导引头无法工作,哪怕只是相对微弱的杂散光进入视场也会产生噪声,严重影响精确制导武器性能。

3. 启示

技术体制上:有些精确制导武器存在全天候作战能力差的问题,易受烟雾、水雾的影响,尤其是在阴雨、云、雾不良天候,其系统作用距离大大缩短,甚至难以正常工作。因此,广大技术人员要研究不同的制导体制,并采取各种复合制导方式，以提高武器系统的全天候作战能力。

战术应用上：一方面，广大官兵要充分了解我方精确制导武器的技术参数和使用特点，严格遵守操作守则，不能"心存侥幸"。例如，

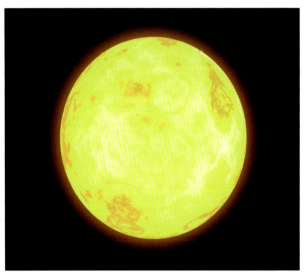

太阳辐射

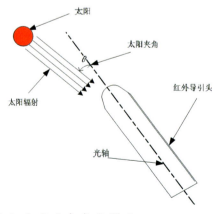

太阳夹角及杂散光影响

光学制导武器作战运用应避免逆太阳光发射这种模式,如果一定要执行作战任务,则可采用与雷达复合制导的武器。另一方面,在精确制导武器对抗中,广大官兵要了解对方武器装备的性能特点,利用其弱点或缺陷,例如背着阳光向敌方攻击,使敌方的光学制导导弹逆光而无法正常发射。

(四)精确制导武器在战场目标环境中使用的案例

1. 典型案例

◆ **案例 10:空袭战果原是"注水肉"**

1999 年 6 月,当北约对南联盟进行了长达 78 天的狂轰滥炸,南联盟总统米洛舍维奇最终同意将其军队撤出科索沃的时候,北约声称进行了有史以来最成功的空袭。美国参联会主席谢尔顿上将指着彩色图标向人们介绍说:"北约空军一共摧毁了南联盟的 120 辆坦克、220 辆装甲运兵车和超过 450 门火炮。"直到北约轰炸南联盟一周年后,美国《新闻周刊》通过非常渠道获得了一份美国空军的绝密军事评估报告。这份报告揭开了北约袭击南联盟"战果"的真相:北约对南联盟的空袭,实际上远没有公开吹嘘的那么神,绝大多数的炸弹都炸在了荒郊野地,或者炸中了成百上千辆平民轿车、卡车或者假目标,极少打中南联盟军事目标。

那么北约真正击中的军事目标有多少呢?是 14 辆坦克、18 辆装甲运兵车和 20 门火炮!更令人难以置信的是,在战争期间,北约飞行员声称一共摧毁了 744 个目标,但美国调查人员战后调查发现,确有证据证明击中的目标仅仅 58 个!这一切得归功于南联盟军队的战术伪装。

调查专家发现,南联盟军队为了保护一座北约重点轰炸的桥梁,在真桥上游 30m 处搭了一座用塑料造的假桥,结果北约战机多次轰炸了那座假桥,而真桥直到现在也安然无恙。专家们还发现,南联盟军队把长长的黑

地面假目标

木头插在破卡车的两个轮子之间，结果引得北约战机前来轮番攻击。有三分之二的SA-9导弹发射器居然是用制造牛奶瓶的金属线扎的。

◆ **案例11：就易避难的反导拦截试验**

《纽约时报》曾经报道：自1976年美国开展研制新型反导拦截器以来，前8次试验结果都以失败而告终。其中有一个主要技术难点就是反导系统无法有效对付假弹头。为了"提高"拦截成功率，给美国民众打气，弹道导弹防御局在随后进行的3次飞行试验中大大减少了假目标的数量，假弹头数从原先的 9 个降到了 1 个，以提高探测系统成功区分真伪目标的可能。

2. 剖析原因

目前精确制导武器的"智商"还不够高，识别真假目标的能力较弱，因此充斥于战场环境中的大量假目标极大影响了精确制导武器的命中概率。另外对于几乎以相同速度飞行的真假目标，探测器也只对反射截面积大、回波能量强的目标进行跟踪。

3. 启示

技术体制上：随着现代科技的发展，隐身技术、发动机技术等科技成果大量应用于武器装备，配合假目标的伪装欺骗，使得各类武器系统的生存能力大大增强，精确制导武器所面对的敌人越来越"隐蔽"、越来越"狡猾"。这就需要广大科研人员加大研究力度，提高精确制导武器的"智力水平"，使其能够在复杂的目标环境中快速捕获目标、鉴别真伪、选择重点目标实施精确打击。

战术应用上：一方面广大官兵要加强对作战对象各种特性的收集和研究，深入了解敌方目标特性，提高使用精确制导武器的针对性；另一方面要加强敌情分析，配合各类战术战法，选择最佳攻击时机和策略。

四、欲穷千里目，更上一层楼
——精确制导技术及武器应用全景图

（一）精确制导武器技术一览

精确制导武器的术语出现于 20 世纪 70 年代初，目前已经被世界各国公认。但何谓"精确",国内外尚无统一的定义。

精确制导武器的技术内容很多,包括:

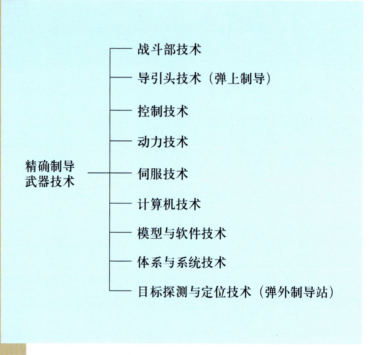

精确制导武器技术

其中,推动精确制导武器发展的核心技术是精确制导技术。精确制导技术进步依赖于计算机技术、模型与软件技术和体系与系统技术等。一般来说,精确制导武器必须具备精确制导系统,使之能够在战场环境中探测和识别目标,并予以摧毁。

对于制导武器而言,目前常用的制导方式主要有如下几种。

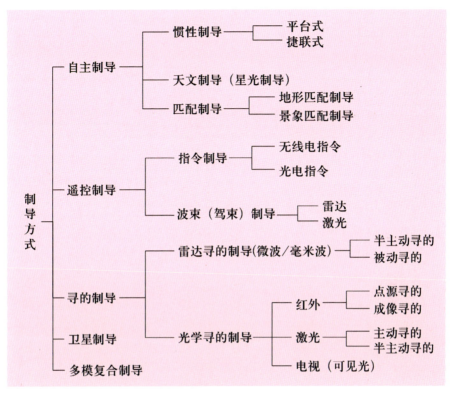

常用制导方式

各种制导方式各有优缺点，例如：惯性制导可自主控制，适用于远射程、长时间飞行，但导引精度受惯性器件的影响大，时间越长累计误差越大；指令制导的弹载设备简单，但距离越远导引精度越差；寻的制导，距离越近导引精度越高，适宜打击活动目标，但主动寻的作用距离有限，系统复杂、成本高，半主动寻的还需要地面或机载平台的照射，同时制导多枚导弹困难，被动寻的则取决于目标是否辐射电磁信号。

从系统的观点来看，导弹飞行的各个阶段有不同的特点。若要达到最优控制，需要采用不止一种制导方式，以提高导引精度和摧毁概率。但从工程实现和可靠性看，又不宜采用太多的制导方式复合。因此全面衡量，通常采用一到三种制导方式复合。

基本制导方式特点

制导方式	制导精度	全天候能力	多目标能力	系统要求	弹上设备复杂性	成本
遥控制导						
目视有线制导	优	差	—	光学瞄准	很简单	低
雷达指令制导	与距离有关	优	有	制导雷达	简单	一般
雷达驾束制导	与距离有关	优	有	制导雷达	简单	一般
寻的制导						
微波主动寻的	良	优	有	—	复杂	高
微波半主动寻的	良	优	—	照射雷达	一般	一般
微波被动寻的	良	优	—	侦察接收机	复杂	高
毫米波主动寻的	优	良	有	—	复杂	高
毫米波半主动寻的	优	良	—	照射雷达	一般	一般
毫米波被动辐射计	优	良	有	—	一般	一般
红外非成像寻的	良	差	有	—	一般	一般
红外成像寻的	优	中	有	—	复杂	高
可见光电视寻的	优	差	有	—	一般	低
激光半主动寻的	优	较差	有	激光照射器	一般	一般
自主制导						
惯性制导	与距离有关	优	—	—	简单	一般
匹配制导	中	良	有	提供参考图	复杂	高
卫星制导	优	优	有	导航卫星	简单	低

（二）精确制导武器系统概貌

精确制导武器系统有多种分类方法，因着眼点不同而异。按作战任务分为战略武器、战术武器；按发射位置分为陆基、海基和空基武器；按射程分为近程、中程、远程和洲际导弹；按飞行方式分为弹道导弹、防空防天导弹和飞航导弹；按有无动力装置分为导弹和精确制导弹药；按打击的目标分为地上固定目标、地下目标、反装甲、反舰、反潜、防空、反导、反空天飞行器、反卫星和反辐射精确制导武器等。

下面综合给出精确制导武器的分类图。

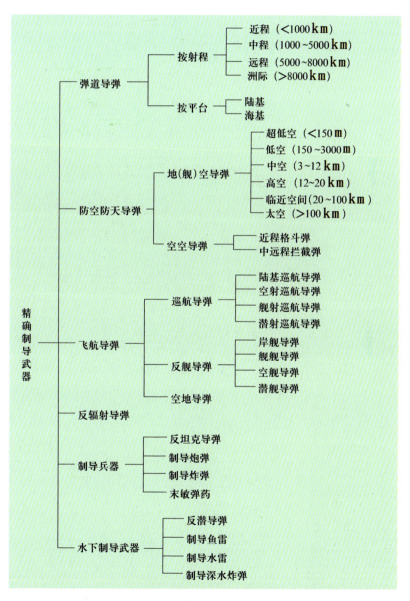

精确制导武器分类图

在精确制导武器中，导弹是最大家族，主要有弹道导弹、飞航导弹和防空防天导弹、反辐射导弹和反坦克导弹。导弹武器作为一种武器系统，除导弹本身外，还包括完成精确打击任务的配套设施。下面以飞航导弹武器系统为例，给出其各部分组成框图。

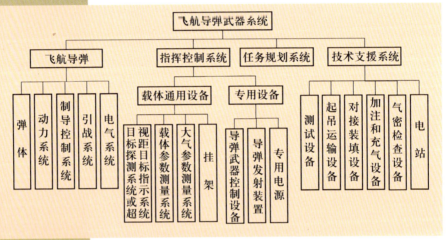

飞航导弹武器系统组成框图

飞航导弹是飞航导弹武器系统的核心，用以攻击敌方目标；指挥控制系统完成对目标信号的探测与通信，并实施对导弹的发射控制；技术支援系统主要保障导弹处于良好的战备待发状态；任务规划系统在执行作战任务前进行规划，选择合适的航迹。在各分系统的协调配合下，飞航导弹才能圆满地完成精确打击任务。

下面分别给出一些典型导弹武器装备的性能表。

部分国家或地区弹道导弹性能表

国别	类别	型号	射程/km	制导方式	命中精度 CEP/m
美国	地地	"民兵"III	13000	星光惯导	185~220
美国	地地	MX	12000	星光惯导、分导	90~120
美国	地地	"潘兴"I	160~724	惯导	400
美国	地地	"潘兴"II	1800	惯导+地图匹配	37
美国	潜地	"北极星"A3	4630	惯导	914
美国	地地	"侏儒"	11000	惯导	183
美国	潜地	"海神"C3	4630	惯导	800
美国	潜地	"三叉戟"I	7800	单星惯导、分导	400
美国	潜地	"三叉戟"II	11100	星光惯导、分导	90
俄罗斯	地地	SS-17 I	10000	星光惯导、分导	600
俄罗斯	地地	SS-18 I	12000	星光惯导	425
俄罗斯	地地	SS-24	10000	星光惯导、分导	185~278
俄罗斯	地地	SS-25	10500	星光惯导	400
俄罗斯	地地	"镰刀"B	11000	惯导	<350
俄罗斯	地地	伊斯坎德尔	280	惯导与光学导引头复合制导	5~7
俄罗斯	地地	"飞毛腿"C	550	惯导	700
俄罗斯	潜地	SS-N-18 II	8300	双星+惯导	600
俄罗斯	潜地	SS-N-20	8300	星光惯导	350
俄罗斯	潜地	SS-NX-30	8000	惯导	350
法国	地地	S-4	4500	星光惯导	<1000
法国	潜地	M-4	4000	星光惯导	300
中国台湾	地地	"青峰"	130	简易惯导	150

上表中 CEP 是圆概率误差,又称圆公算偏差。CEP 是衡量导弹弹着点散布或密集度的尺度之一,意思是在弹着平面上,以平均弹着点为中心,包括 50% 弹着点的圆半径值(例:CEP = 1km,表示仅有 50% 落入直径 1km 的圆内)。因此,CEP 值越小,表示导弹的命中精度越高;反之,CEP 值越大,导弹的命中精度越差。

部分国家或地区飞航导弹性能表

国别	类别	型号	射程/km	速度(Ma)	制导方式	命中精度 CEP 或概率
美国	海射巡航	"战斧" BGM-109A	2500		惯导+地形匹配	30~80m
美国	海射巡航	"战斧" BGM-109B	450		惯导+主动雷达	90%~95%
美国	海射巡航	"战斧" BGM-109C	1500	0.75	惯导+地形匹配+景象相关	15~18m
美国	海射巡航	"战斧" BGM-109D	1300	0.72	惯导+地形匹配+景象相关	15-18m
美国	海射巡航	"战斧" BGM-109E	1667		惯导+GPS+景象相关等	7.62m
美国	空射巡航	AGM-109H	550		惯导+地形匹配+景象相关	
美国	空射巡航	AGM-109L	320		惯导+地形匹配+景象相关	
美国	空射巡航	AGM-129A	3000	0.67	惯导+地形匹配+激光+GPS	16m
美国	反舰	"捕鲸叉" RGM-84A	11~110	0.75	惯导+主动雷达	
美国	空射巡航	"斯拉姆" AGM-84E	100	0.75	惯导+GPS+红外成像	
美国	空地	"小牛" AGM-65E	43	1	激光半主动	
俄罗斯	陆射巡航	SS-X-4	3000	0.9	惯导+简易地形匹配	150m
俄罗斯	海射巡航	SS-N-21	3000	0.7	惯导+简易地形匹配	150m
俄罗斯	空射巡航	AS-15	2800	0.75	惯导+简易地形匹配	150m
俄罗斯	空射巡航	SS-N-19	50~550		惯导+主动雷达或红外	150m
俄罗斯	空射巡航	3M-25	5000	2.5~3	惯导+地形匹配	
法国	陆射反舰	"飞鱼" MM40	64~70		简易惯导+主动雷达	
法国	海射反舰	"飞鱼" MM38	4~42		简易惯导+主动雷达	95%

（续）

国别	类别	型号	射程/km	速度(Ma)	制导方式	命中精度CEP或概率
法国	空射反舰	"飞鱼"MM39	50~70	0.93	简易惯导+主动雷达	95%
法国	空射巡航	SCALP-EG	650	0.95	惯导/GPS+红外成像	3m
以色列	空地	"突眼"1	80	0.73	指令修正惯导+电视或红外成像	
印度	陆射巡航	无畏	1000	0.9	惯导/GPS+主动雷达	
中国台湾	反舰	"雄风"II	130	0.85	惯导+主动雷达	

上表中 Ma（马赫数），以奥地利物理学家马赫（1836年—1916年）命名，定义为物体速度与声速（340m/s）之比值，即声速的倍数。由于马赫数是速度与声速之比值，而声速在不同高度、温度等状态下又有不同数值，因此马赫数最大的作用是用来区分现在的速度为声速的倍数。

部分国家或地区防空防天导弹性能表

国别	型号	作战距离/km	速度(Ma)	制导方式
美国	"波马克"	320		程序+指令+主动寻的
美国	改进"霍克"	32~40	2.5	全程半主动寻的
美国	"爱国者"2	80~100	6	程序+指令+TVM
美国	"陆麻雀"	13~20		半主动寻的
美国	"爱国者"3	30		惯导+指令+主动寻的
美国	THAAD	200	10	中段捷联惯导+末段红外寻的
美国	"宙斯盾"	25~150		惯导+指令+半主动雷达寻的
俄罗斯	SA-4	55~72	2.5	指令+末段半主动寻的
俄罗斯	SA-5	17~300		指令+半主动寻的
俄罗斯	SA-6	24	2.2	全程半主动寻的

（续）

国别	型号	作战距离 /km	速度 (Ma)	制导方式
俄罗斯	SA-10	90~150	5.8	指令 + 末段 TVM
俄罗斯	SA-11	32~35		指令 + 末段半主动寻的
俄罗斯	SA-12	100（飞机）40（弹道导弹）		惯导 + 指令 + 半主动寻的
俄罗斯	SA-17	40~50	3.6	惯导 + 指令 + 半主动寻的
俄罗斯	S-300			半主动雷达寻的
英国	"标枪"	2.5	1.5	红外成像
英国	"星光"	7	4	激光驾束
德国	TLV-5	30		惯导 + 指令 + 主动寻的
意大利	Spada	15		半主动寻或被动干扰寻的
中国台湾	"天弓" 2	80	3.5	中段指令 + 末段主动寻的

部分国家或地区反辐射导弹性能表

国别	型号	射程 /km	制导方式
美国	"百舌鸟"	45	被动雷达寻的
美国	"哈姆" AGM-88A	>40	捷联惯导 + 被动雷达寻的
美国	"阿拉姆"	70	被动雷达寻的
美国	AGM-88E		被动雷达寻的 + 毫米波主动雷达
俄罗斯	AS-9	80	被动雷达寻的
俄罗斯	AS-11	160	惯导 + 被动雷达
俄罗斯	AS-12	60	惯导 + 被动雷达
俄罗斯	AS-17	200	被动雷达寻的
法国	阿马特	120	惯导 + 被动雷达寻的
德国	ARMIGER	200	惯导 /GPS+ 被动雷达寻的 + 红外导引头
英国	ALARM	80	惯导 + 被动雷达寻的

部分国家或地区反坦克导弹性能表

国别	型号	射程/km	制导方式
美国	"陶" 2 BGM-71D	4	有线指令
美国	"陶" 3 AMS-H	4	红外成像
美国	"海尔法" AGM-114A	8（机载）	半主动激光
美国	"海尔法" AGM-114B	8（机载）	半主动激光/红外成像/双模（红外、射频）
美国	"海尔法" AGM-114D	8（机载）	主动雷达
美国	AGM-169	28	毫米波/红外/半主动激光
美国	"掠夺者"	0.75	捷联惯导
俄罗斯	"螺旋" AT-9	8	无线指令
俄罗斯	"短号" AT-14	5.5（昼间）3.5（夜间）	激光驾束+指令
俄罗斯	"旋风" AT-16	10	半主动激光
法/德/英	中程"崔格特"	2	激光驾束
法/德/英	远程"崔格特"	5	红外成像
以色列	"猎人"	26	惯导+激光半主动
日本	KAM-40	2	激光半主动
印度	"毒蛇"	6	毫米波主动+红外被动

（三）应用蓝图与创新展望

1. 精确制导武器技术的应用与创新

第二次世界大战后，随着科学技术的不断进步，各种类型的精确制导武器研制及装备的作战应用均取得了迅猛发展。以地空导弹为例，地（舰）空导弹虽然在第二次世界大战期间就开展了研制，但限于当时的技术水平直至第二次世界大战结束也无定型的武器装备。投入使用的第一代地空导弹发展于20世纪50至60年代初，以"奈基"、"萨姆"-2等为典型代表，大部分采用波束制导或无线电指令制导，打击目标为中高空的亚声速战机，抗干扰能力差。第二代防空导弹于20世纪60年代后期装备部队，代表型号有改进"霍克"、"萨姆"-6、"罗兰特"等，制导方式除指令制导外，有的已采用了半主动寻的制导，导引精度得到较大提高，主要打击目标也扩展至中低空，形成了防空导弹系列。第三代防空导弹的代表型为"爱国者"、"萨姆"-12、"宙斯盾"等，主要采用主动寻的末制导、TVM制导和复合制导，导引精度大大提高，不仅能够攻击低空、超低空飞行的战机，还可以攻击RCS（雷达散射截面积）很小的巡航导弹、战术地地导弹等，并且可以同时打击多个目标，有的甚至可以直接碰撞或打击目标的要害部位。同样地，精确制导技术在弹道导弹、巡航导弹、空空导弹、空地（舰）导弹、反辐射导弹、航空炸弹、反坦克弹药、反舰鱼雷、反鱼雷武器等制导武器中都得到了广泛的应用，制导精度也不断提高，促进了各类精确制导武器性能的提升。时至今日，精确制导武器已在现代战争尤其是近期的几场局部战争（如海湾战争、科索沃战争、伊拉克战争）中显示出了超常的作战效能。

　　从长远发展的角度来看，精确制导技术的进步是无止境的。随着新军事变革的日益深化，精确制导的新理论、新体制、新器件、新途径不断涌现，技术发展的步伐也将越来越快。为进一步适应信息化条件下联合作战的需求，精确制导武器将继续向高精度、远射程、抗干扰、多用途、智能化和低成本等方向发展，主要武器装备及技术发展呈现以下趋势：一是远程快速精确打击能力的不断提升；二是通过信息网络具备打击时间敏感目标的能力；三是命中精度、抗干扰能力和全天候作战能力不断提高；四是武器装备向多用途方向发展；五是通过控制成本提高经济可承受性。国防科技人员必须敏锐把握精确制导技术的发展趋势和各种先进技术研究方向，坚持自主创新和引进消化相结合，以军事需求为牵引，依靠技术创新为军队及时研制满足作战能力要求的精确制导武器装备。

2. 依靠科技进步加快转变战斗力生成模式

恩格斯有句名言："一旦技术上的进步可以用于军事目的，并且已经用于军事目的，它们便立即几乎强制地，而且往往是违背指挥官的意志而引起作战方式的改变甚至变革。"精确制导武器是典型的信息化武器装备，正是信息的充分使用大大提高了武器的性能、精度和灵活性。纵观精确制导武器的发展历程，可知科学技术特别是以信息技术为主要标志的高新技术的广泛运用，深刻改变着军队战斗力三要素的内涵和生成模式。信息能力在战斗力生成中起着主导作用，信息化武器装备成为战斗力的关键物质因素，基于信息系统的体系作战能力成为战斗力的基本形态，人的科技素质在战斗力中具有特别重要的意义。提高军队的科学技术含量，加强以信息化为主要指标的军队质量建设，成为世界军事发展的趋势。过去单纯依靠人员规模和一般武器数量来提高军队战斗力的模式已经不能适应信息化战争的要求。

现代信息化战争的特点是体系对抗。从体系作战的整体高度考虑，精确打击作战体系包括的四大要素分别是：一是精确制导武器；二是信息支持系统；三是指挥控制系统；四是作战部队。精确打击作战体系的基本特征是必须形成从目标信息获取、传输、处理、信息装订、指挥控制直至实施打击和打击效果评估的全过程闭合。精确制导武器作为体系中的一个重要环节,扮演的角色仅是直接攻击火力。而部队官兵是作战体系中的决定性因素!最终决定战争胜负的是人而不是物。

战争是充满未知、对抗激烈的领域,军事是需要不断探索、不断创新的事业。前面提到精确制导技术的进步是无止境的,同样,部队官兵的战法创新也大有空间。这些都对战斗力生成和提高具有巨大推动作用。本书尝试生动介绍精确制导武器技术的应用常识,至于各类精确制导武器的技术原理及具体应用指导,可详见本套丛书的其他分册。

一体化作战系统示意图

参考文献

[1] 朱坤岭，汪维勋．导弹百科词典．北京：宇航出版社，2001．

[2] 黄建伟．中国军事百科全书（第二版）学科分册＃精确制导技术．北京：中国大百科全书出版社，2007．

[3] 郝祖全．弹载星载应用雷达有效载荷．北京：航空工业出版社，2005．

[4] 周伯金，李明，于立忠，王学明．地空导弹．北京：解放军出版社，1999．

[5] 王小谟，张光义．雷达与探测——信息化战争的火眼金睛．北京：国防工业出版社，2008．

[6] 总装备部电子信息基础部．导弹武器与航天器装备．北京：原子能出版社等，2003．

[7] 中国国防科技信息中心．国防高技术名词浅释．北京：国防工业出版社，1996．

[8] 杨学军，胡学兵．霹雳神剑导弹100问．北京：国防工业出版社，2007．

[9] 刘兴堂，等．信息化战争与高技术兵器．北京：国防工业出版社，2009．

[10] 周国泰．军事高技术与高技术武器装备．北京：国防大学出版社，2005．

[11] 总装备部电子信息基础部．现代武器装备概论．北京：原子能出版社等，2003．

[12] 国防科学技术工业委员会．航天——国防科技知识普及丛书．北京：宇航出版社，1999．

[13] 国防科学技术工业委员会．航空——国防科技知识普及丛书．北京：宇航出版社，1999．

[14] 国防科学技术工业委员会．舰船——国防科技知识普及丛书．北京：宇航出版社，1999．

[15] 国防科学技术工业委员会. 兵器——国防科技知识普及丛书. 北京：宇航出版社，1999.

[16] 王其扬. 寻的防空导弹武器制导站设计与试验. 北京：宇航出版社，1993.

[17] 刘隆和. 多模复合寻的制导技术. 北京：国防工业出版社，1998.

[18] 宋振铎. 反坦克制导兵器论证与试验. 北京：国防工业出版社，2003.

[19] 孙连山，杨晋辉. 导弹防御系统. 北京：航空工业出版社，2004.

[20] 罗沛霖. 院士讲坛——信息电子技术知识全书. 北京：北京理工大学出版社，2006.

[21] 罗小明，等. 弹道导弹攻防对抗的建模与仿真. 北京：国防工业出版社，2009.

[22] 熊群力. 综合电子战——信息化战争的杀手锏. 北京：国防工业出版社，2008.

[23] 范茂军. 传感器技术——信息化武器装备的神经元. 北京：国防工业出版社，2008.

[24] 郭修煌. 精确制导技术. 北京：国防工业出版社，2002.

[25] 张鹏，周军红. 精确制导原理. 北京：电子工业出版社，2009.

[26] 王建华. 信息技术与现代战争. 北京：国防工业出版社，2004.

[27] 戴清民. 战争新视点. 北京：解放军出版社，2008.

[28] 刘桐林，吴苏燕，刘怡. 空地制导武器. 北京：解放军文艺出版社，2001.

[29] 国防大学科研部. 高技术局部战争与战役战法. 北京：国防大学出版社，1993.

[30] 刘明涛，杨承军，等. 高技术战争中的导弹战. 北京：国防大学出版社，1993.

[31] 刘伟. 信息化战争作战指挥研究. 北京：国防大学出版社，2009.

[32] 张玉良. 战役学. 北京：国防大学出版社，2006.

[33] 郭梅初. 高技术局部战争论. 北京：军事科学出版社，2003.

[34] 付强，何峻，等. 精确制导武器技术应用向导（第一版）. 北京：国防工业出版社，2010.

[35] 张忠阳，张维刚，等. 防空反导导弹. 北京：国防工业出版社，2012.

[36] 袁健全，田锦昌，等. 飞航导弹. 北京：国防工业出版社，2013.

[37] 刘继忠，王晓东，高磊，等. 弹道导弹. 北京：国防工业出版社，2013.

[38] 白晓东，刘代军，等. 空空导弹. 北京：国防工业出版社，2014.

[39] 郝保安，孙起，等. 水下制导武器. 北京：国防工业出版社，2014.

[40] 苗昊春，杨栓虎，等. 智能化弹药. 北京：国防工业出版社，2014.

[41] 魏毅寅，等. 世界导弹大全（第三版）. 北京：军事科学出版社，2011.

后记
Postscript

《精确制导武器技术应用向导》（2010版）于2010年1月出版发行，得到了部队官兵的广泛好评。作为《精确制导技术应用丛书》的首册，本书的编著始于2009年4月。当时，编写组成员经过充分讨论，拟订了指导思想和写作原则：

1. 通俗有高度

（1）以部队官兵为主要对象，用通俗易懂的方式写作，使其具有较强的可读性。

（2）站在体系对抗/信息化装备/战斗力生成的高度来演绎精确制导武器的技术原理与应用常识。

2. 实用成体系

（1）分析战场环境对精确制导武器的影响，给出典型案例剖析，并启示怎样用好精确制导武器，或如何对抗敌方精确制导武器，为部队科技兴训提供参考读物。

（2）按照制导武器—制导技术—战场环境的紧密关联展开系统写作。

3. 简明讲常识

（1）当今的知识传播已进入新时代，有人说是"读图时代"。写作此书图片要多，要尽可能让人看图长知识。

（2）普及最常用精确制导技术的基本知识（ABC），篇幅适当，不要太长。

原书出版发行已四年多，此次修订改版，特作如下说明：

1. 总装备部精确制导技术专业组规划的《精确制导技术应用丛书》共7本。其中《精确制导武器技术应用向导》为丛书首册，定位属于导论或概览；其他分册专门深入介绍防空反导导弹、飞航导弹、弹道导弹、空空导弹、水下制导武器和智能化弹药等武器的制导技术和应用知识。为了在版式上与分册配套，同时与分册内容更好地衔接，特对《精确制导武器技术应用向导》（2010版）进行修订和改版。

2. 由于精确制导领域的技术发展迅速，需要在书中及时增补和更新国外精确制导武器装备资料。同时，按照部队读者反馈的意见修改部分内容。特别感谢总装备部科技委原副主任丛日刚为2010版作序，本次修订仍沿用此序。

本书编写组成员由国防科学技术大学ATR实验室部分专家教授、青年教师和研究生组成。大家解放思想，大胆创意，根据广大部队官兵的需求，以通俗生动、图文并茂的方式诠释精确制导技术。全书风格清新、特色鲜明，希望能"精确打动"部队官兵读者。

在写作过程中得到了国防工业部门、高等院校部分专家教授和部队官兵的具体指导和大力支持，特此表示衷心感谢！服务国防和军队现代化建设是我们的职责，恳请读者对我们的工作批评指正。

付强　何峻
2014年3月5日
国防科学技术大学